中国煤炭高质量发展丛书

主编 袁 亮

煤矿区重构土壤有机碳变化及土壤呼吸特征

陈孝杨 著

国家自然科学基金资助(41572333)

科 学 出 版 社
北 京

内 容 简 介

本书主要针对煤矿开采引发的地表沉陷和煤矸石固废堆积等环境问题，以早期建设的地质环境综合治理和土地复垦工程为对象，研究煤矸石充填重构土壤剖面有机碳变化、土壤呼吸环境因子效应及 CO_2 排放特征。全书共 6 章，系统介绍了土壤重构基质(煤矸石)特征、重构土壤温湿度环境因子、土壤有机碳分布与变化、植被与覆土厚度对土壤有机碳和腐殖质的影响、土壤呼吸及其与温湿度因子的关系、重构土壤腐殖质氧化对剖面气热变化响应、重构土壤气热条件变化对植物生长的影响等。

本书可供从事矿业工程、环境科学与工程、生态科学和土壤科学等领域的教学研究人员、工程技术人员和研究生、本科生使用，也可为各级政府的矿业、农业、环保和土地等部门提供参考。

图书在版编目(CIP)数据

煤矿区重构土壤有机碳变化及土壤呼吸特征 / 陈孝杨著. -- 北京：科学出版社, 2025.4. -- (中国煤炭高质量发展丛书 / 袁亮主编). -- ISBN 978-7-03-079526-7

Ⅰ. TD163

中国国家版本馆 CIP 数据核字第 20248Z1F86 号

责任编辑：刘翠娜　吴春花 / 责任校对：王萌萌
责任印制：赵　博 / 封面设计：无极书装

科 学 出 版 社 出版
北京东黄城根北街 16 号
邮政编码：100717
http://www.sciencep.com

三河市春园印刷有限公司印刷
科学出版社发行　各地新华书店经销

*

2025 年 4 月第 一 版　开本：787×1092　1/16
2025 年 9 月第二次印刷　印张：12 1/4
字数：290 000

定价：160.00 元
(如有印装质量问题，我社负责调换)

前　　言

煤矿区复垦土壤，尤其是煤矸石充填重构土壤，因下垫面基质的矿物成分和结构孔性的改变，与自然农业土壤相比，原有的地球关键区（earth's critical zone，ECZ）连续体发生了层面上的突变，其整体的重构下垫面基质和上覆土壤剖面在气热产生与界面行为过程中至少存在三个方面的土壤熟化意义：一是特殊下垫面基质存在造成自表层土壤至地下潜水位间复杂的气体与温度梯度，影响表土中生物活动和有机质氧化；二是由于受到气热梯度的限制，根际微生物活动、植物水分和养分吸收，以及土壤碳固定等改变，会影响表层土壤熟化进程；三是表层土壤中有机质氧化的限制因子突变，腐殖质形成的气体和温度因子将改变其存在的总量与组分，复垦土壤熟化技术的理论研究应更加深入。认识和调控复垦土壤呼吸进程与基质剖面气热梯度的影响机制，可有效地促进复垦地表层土壤熟化进程，对减少区域土壤温室气体排放和延缓全球气候变化进程具有重要的意义。基于此，研究煤矸石充填复垦地基质和表土剖面中气体与温度梯度对表层土壤植物根呼吸、有机质氧化的影响，以及其过程与机理，为生态环境修复和土壤熟化技术培育奠定基础，以发展煤炭绿色开采理念，加强矿区土地高效利用，而这是目前煤矸石充填重构塌陷区土壤剖面研究的欠缺所在，也是在推动矿区土地复垦和生态重建工作中迫切需要解决的关键问题。

本书系统总结了作者近年来在煤矸石充填重构土壤气热梯度的表土呼吸响应机理方面的研究成果，首先介绍煤矸石充填重构土壤基质特征，包括理化性质、水力学特征、导气率性质、热扩散特性等，监测分析煤矸石充填重构土壤剖面水分、气体及温度的变化规律，在此基础上重点对煤矸石充填复垦地基质和表土剖面中气体、温度及水分梯度变化对表层土壤有机碳矿化、腐殖质氧化及土壤呼吸的影响、过程与机理进行深入探讨。全书共分为6章，第1章简要介绍煤矸石充填重构土壤、碳足迹和碳承载力等相关概念，以及土壤有机碳库、土壤呼吸方面的研究进展等。第2章内容涵盖煤矸石充填重构土壤基质特征。第3章重点研究煤矸石充填重构土壤剖面水气热变化规律。第4章深入研究煤矸石重构土壤有机碳及其活性组分分布与变化。第5章系统分析腐殖质氧化对土壤剖面气热梯度响应机理。第6章研究重构土壤呼吸变化及对土壤气热梯度响应等。

本书是在国家自然科学基金面上项目"煤矸石充填重构土壤气热梯度的表土呼吸响应机理及环境意义"（编号：41572333）和其他国家级、省部级课题共同资助下的研究成果，也是作者长期以来在煤矿区重构土壤碳循环理论与实践、矿山环境修复与土地复垦领域的工作积累。项目研究过程中，得到了中国科学技术大学刘桂建教授，宿州学院桂和荣教授，安徽理工大学严家平教授、张世文教授、范廷玉教授、陈要平副教授的大力支持，在此向他们表示衷心的感谢。本书的成果也得益于参加项目研究的研究生陈敏、王芳、胡智勇、刘本乐、张凌霄等的辛勤工作；安徽理工大学地球与环境学院青年教师刘英博士、周育智博士、魏勇博士在本书后期撰写过程中做了大量工作，在此也向他们表示感谢！

　　本书中的部分成果已在国内外刊物发表，撰写过程中参考了大量国内外已报道的优秀成果，在此我们表示衷心的感谢。由于笔者水平有限，书中难免有不足和疏漏之处，敬请各位专家、同行批评指正。

安徽理工大学　陈孝杨
2024 年 12 月 28 日

目 录

第1章 绪 论

1.1 煤矿区重构土壤

1.1.1 重构土壤

根据世界土壤资源参比基础(WRB,2022)定义,人为土(Anthrosol)包括草垫、堆垫、灌淤、园艺和水耕等人为土壤(张甘霖等,2004),水稻土应该属于典型的人为土。水稻土广泛地分布在我国东北、江淮和华南地区,由于季节性水淹作用以及土壤氧化和还原条件的更替,在土壤剖面上有明显的耕作层和犁底层的氧化还原迹象。

更为重要的是,在世界上广泛存在的城市、工业、交通、矿山和军事等特殊区域土壤,其在破坏原有自然土壤结构的同时,又重新利用科学技术方法来建构土壤剖面,在满足工程建设需求的同时,恢复并逐步稳定区域生态系统,土壤结构和性质与原有自然土壤相比,发生了很大的变化,从广义来说其也属于人为土。更为细致地划分土壤类型,这类土壤因有强烈的人类工程技术活动参与,可界定为人工土壤或技术性土壤(Meuser,2010)。2001 年,由国际土壤科学联合会(International Union of Soil Sciences,IUSS)城市土壤工作委员会组织的第一届"城市、工业、交通、矿山和军事区域土壤"(Soils in Urban, Industrial, Traffic, Mining and Military Areas,SUITMA)国际学术会议在德国举行,之后分别在法国、埃及、中国、美国、摩洛哥、波兰、墨西哥、韩国、俄罗斯、西班牙等国家已举办了 12 届国际学术会议。在 SUITMA 一系列会议上,各国专家学者充分交流讨论技术性土壤的物理、化学和生物特征,以及土壤质量的演变过程。

实际上,在 20 世纪末与 21 世纪初,科学家开始讨论土壤重构的理论和技术方法。McBratney 等(2000)指出两种土壤剖面重构所依据的数学模型:基于地形资料的等面积二次样条(equal-area quadratic splines,EQS)模型和基于明显分层电导率数据的吉洪诺夫正则化(Tikhonov regularisation,TR)模型。两种土壤剖面重构模型各有优缺点,根据现有土壤数据可进行合理选择。当少有或没有土壤数据时,仅能依靠电磁感应仪器读数应用 TR 模型进行土壤剖面的重构,否则即可选择 EQS 模型。Seong-Won 等(2008)应用偏微分方程的约束优化方法求解土壤剖面重构的一维逆问题,在此基础上建立了时域方法(time-domain approach,TDA)模型,并与 TR 模型进行了对比,认为TDA 模型在性能上存在明显的优越性。同时,应用不同剖面重构方法复垦的矿区土壤理化性质及其植物效应研究也逐渐受到重视(Tedesco et al., 1999;Bowen et al., 2005;Wick et al., 2011;Jessica et al., 2018)。中国矿业大学胡振琪教授在国内重要学术期刊上连续发表"煤矿山复垦土壤剖面重构的基本原理与方法""矿山复垦土壤重构的概念与方法""矿山复垦土壤重构的理论与方法"等学术论文(胡振琪, 1997, 2022; 胡振琪等, 2005), 系统阐释了煤矿区土壤重构方法原理和重构土壤的概念、理论及其内部物质能量流特征, 为推动矿区重构土壤的研究做出了巨大贡献。

　　"人工土壤或技术性土壤"的表述尚不能突显这类特殊土壤的剖面结构, 因此我们引入了"重构土壤"的概念。重构土壤是指在人类活动的影响和参与下, 用固体废弃物作为充填基质, 上覆一定深度的原土, 重新建构的用于植物栽培的包含充填基质在内的剖面连续体。充填基质有很多, 如生活垃圾、工业废石、建筑垃圾、河流湖泊的泥沙和煤矿固体废弃物(粉煤灰和煤矸石)等(图 1-1～图 1-4)。

图 1-1　城市生活垃圾充填重构土壤剖面及地表植被

图 1-2　城市建筑垃圾充填重构土壤剖面及地表植被

图 1-3 湖泊淤沙充填重构土壤剖面及地表植被

图 1-4 煤矸石充填重构土壤剖面及地表植被

从土壤发生学的角度来看，土壤是由成土母质在气候、地形、生物和人类活动等共同作用下，随时间推移而逐渐演化而成的。由此形成的土壤类型多样，剖面层次结构组成也各不相同。一般意义上，成熟土壤剖面主要包括淋溶层、淀积层和母质层等。充填基质尽管不是真正意义上的土壤，但在有限的研究深度（如 2m）范围内，可将其看作母质层，与上覆土壤一起构成完整的土壤剖面。因此，重构土壤实际上是从地表到充填基质层的连续剖面结构。

还有一些类型的技术性土壤没有明显的充填基质和表层土壤的"二元"剖面结构，但其对原有土壤的结构破坏程度严重，新的土壤剖面建构是颠覆性的，也可以纳入重构土壤体系进行研究。例如，在污染土壤覆土修复技术中（图 1-5），将污染土壤置于下层，上覆一定厚度的原位土壤，污染土壤和上覆土壤间是不连续的，整个剖面物质和能量循环被排水系统、膨胀土层和土工布等组成的隔离层所截断；在一些城市的周边,不断有固体废弃物充填同一区域,而且延续时间很长(几十年,甚至上百年),形成多层结构的重构土壤剖面(图 1-6)。当然,这些特殊类型的重构土壤剖面水分垂直运动规律和土壤质量演变影响因子的系统研究显得异常困难。

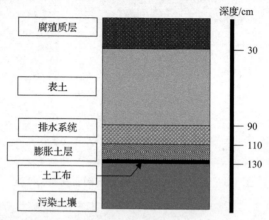

图 1-5　污染土壤覆土修复技术剖面示意图

图 1-6　多层结构重构土壤剖面及地表植被

1.1.2　煤矸石充填重构土壤

煤矿井工开采带来了大面积的土地塌陷。仅安徽省淮南和淮北两个矿区,2009年的总塌陷面积就达 304km^2,其中常年积水区域面积 112km^2;淮南矿区的百万吨塌陷率为 0.19km^2,淮北矿区的百万吨塌陷率为 0.33km^2,预测至 2050 年,总塌陷面积将达 1084km^2。同时,两个矿区 2009 年煤矸石的堆存量为 4.36×10^{8}t,燃煤电厂粉煤灰的排放量为 1.30×10^{8}t,压占土地面积约 2.47km^2。固体废弃物的堆放给矿区土壤、大气和水环境带来了巨大的压力,土地损毁也会限制区域社会经济发展中工农业用地空间的拓展。为有效解决这些矛盾,政府部门和矿山企业从 20 世纪中后期即用煤矸石和粉煤灰充填煤矿塌陷区重构土壤剖面，形成大面积的复垦区，以供工业建筑或农林生产使用。重构土壤，尤其是农林用地土壤的物质循环过程和质量演变研究逐步获得重视。

煤矿塌陷区充填复垦首先需要应用某种基质进行土壤剖面重构。土壤剖面重构是指土壤多相介质组分及其剖面层次性质的重新构造。这种重新构造的土壤环境需要适宜植物、动物和微生物的活动，并借助于合理的充填重构工艺（胡振琪等，2005；胡振琪，2022）。胡振琪提出了"分层剥离、交错回填"的土壤剖面重构原理与方法，并基于此建立了土壤剖面重构的数学模型；同时，概括了煤矿区土壤剖面重构的一般方法（图1-7），即在考虑具体采矿工艺和岩土条件，重构后的"土壤"物料组成和介质层次要与区域自然成土条件相协调，复垦后土地利用方向、法律法规要求、复垦资金保证等其他相关因素的基础上，重塑地貌景观，重构土壤剖面，并实行重构土壤培肥改良措施（胡振琪等，2005；魏忠义等，2001；郭友红，2020；李保杰等，2023）。

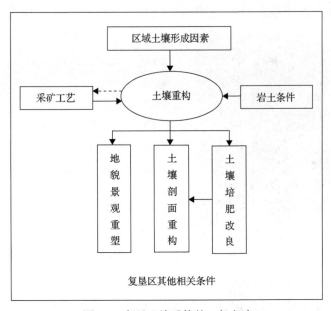

图1-7 复垦土壤重构的一般方法

尽管重构土壤剖面后，为恢复矿区土壤生产力和生态系统，往往采取物理、化学和生物措施，对土壤的成土条件、理化性质和土壤环境质量进行生态修复（李玲等，2007；周际等，2023）。但这种充填重构剖面复垦的土壤无论其物理性质，还是水分、养分和溶质的条件与运移，相对于自然农业土壤来说，均存在较大的差异（图1-8、图1-9），主要原因是充填基质的特殊物理化学性质影响重构土壤物质循环过程。一方面，上覆土壤与基质层间的水分、气体和溶质等物质能量流不连续，垂直剖面迁移变得困难或容易；另一方面，基质层的物质可能向上迁移，增加或减少上覆土壤的物质质量分数，影响重构土壤表层的肥力或环境质量。鉴于上覆土壤与基质层之间特殊的物质流与能量流，国内外学者对煤矸石充填重构土壤理化性质变化进行大量研究，并取得了丰硕的成果。Raj 等(2006)通过对俄亥俄州矿区复垦区与周边未复垦区土壤理化性质对比分析，发现煤炭开采和复垦活动会导致土壤有机碳(SOC)和氮的损失量分别高达 70%和 65%以上，与林地利用方式相比，草地更有利于碳库和氮库的积累，同时复垦后，土壤质量明显下降，如土壤容重较大，C/N 值低，土壤 pH 和电导率升高等。位蓓蕾等(2012)针对目前矿区主要选用固体废弃物(如粉煤灰、煤矸石、污泥)作为塌陷区土壤重构的填充基质这一情况，对比分析不同填充基质对覆土层理化性质的负面影响，尤其突出对覆土层重金属含量的影响，并得出煤矸石和粉煤灰作为填充基质时，最优的覆土厚度分别为 70cm 和 50cm。黄晓娜等(2014)在大量文献调研的基础上，发现当前矿区塌陷地复垦土壤质量研究存在不足，一方面是复垦土壤的综合质量研究不足，另一方面是复垦土壤肥力的维持与提高研究缺乏，同时，应将传统方法和现代先进技术相结合加强复垦土壤质量动态监测。余健等(2014, 2023)从与土壤持水性和保肥供肥性密切相关的土壤颗粒组成的角度出发，分析塌陷区及其复垦土壤颗粒分布

- 表土

  含水量：0.30cm³/cm³；容重：1.35g/cm³

  pH：7.45

  有机碳：2.40g/kg

  其中可溶性有机碳：40.0mg/kg

- 煤矸石

  含水量：0.24cm³/cm³；容重：2.20g/cm³

  pH：8.73

  有机碳：10.0g/kg

  其中可溶性有机碳：100mg/kg

图 1-8　煤矸石充填重构土壤剖面

- 表土

  含水量：0.35cm³/cm³；容重：1.45g/cm³

  pH：7.30

  有机碳：1.10g/kg

  其中可溶性有机碳：25.0mg/kg

- 粉煤灰

  含水量：0.50cm³/cm³；容重：0.90g/cm³

  pH：8.30

  有机碳：0.05g/kg

  其中可溶性有机碳：0.20mg/kg

图 1-9　粉煤灰充填重构土壤剖面

(PSD)和分形特征及其与土壤总氮(TN)、总碳(TC)、总有机碳(TOC)、总无机碳(TIC)、总硫(TS)及颗粒比表面积(TSSA)、吸湿系数、颗粒平均粒径、中值粒径等的关系，发现塌陷区复垦后土壤向自然耕作土壤方向演化，混推平整复垦(HTPZ)和粉煤灰充填复垦(FMH)方式恢复效果较好，而泥浆泵复垦(NJB)不利于土壤结构的形成。

煤矸石充填重构土壤生态系统作为一个不同于自然生态系统且具有特殊结构和功能的有机整体，其结构与功能决定了煤矸石充填重构土壤有机碳及各组分分布、土壤 CO_2 释放规律及重构土壤水气热运移过程必然区别于其他生态系统，土壤 CO_2 释放的本质是有机质的转化，有机质的含量决定了土壤呼吸的强弱(Tian et al., 2016; Kotroczó et al., 2020)。因此，加强重构土壤有机碳、土壤呼吸以及土壤剖面水气热条件与土壤呼吸的耦合响应机制等方面的研究具有一定的科学价值和实践意义。

1.2　土壤有机碳库

土壤是陆地生态系统的重要组成部分，是大气圈、水圈、岩石圈及生物圈共同作用下的产物，与大气圈和绿色植被相比，其固碳潜力更大。据估算，全球陆地生态系统碳储量约是大气圈碳库的 3.3 倍，约是生物圈碳库的 4.5 倍(Bellamy et al., 2005; Lal, 2004)，其中全球土壤有机碳库储量高达 1395~2200Pg，是大气碳库或陆地植被碳库的 2~3 倍，且较为活跃。因此，土壤有机碳的微小变化都会对全球碳预算产生显著影响(Srivastava et al., 2012; Martin et al., 2015; Guo et al., 2020)。

1.2.1　土壤有机碳

(1)土壤有机碳研究

土壤有机碳不但是土壤肥力形成、粮食生产和土壤健康的基础，而且在全球碳平衡中起着关键的作用，其含量受地形、气候、植被及土地管理方式等因素的影响。鉴于全球土壤有机碳库容量巨大且较为活跃,其细微的变化就可能对大气 CO_2 浓度产生显著影响，从而在调节全球碳平衡中扮演重要角色，现已逐渐成为农业、环境、生态、全球变化科学等多学科领域的研究热点和科学前沿。

关于土壤有机碳的研究，国内外学者已开展大量研究工作，并取得了一些创新成果。例如，罗上华等(2012)认为城市是地球上最大的碳排放源，占人类碳排放量的80%以上，同时城市也是巨大的碳库，采用土壤修复技术或推荐管理措施(RMPs)等手段可以增加土壤碳固定，是应对全球气候变暖的重要途径之一。何跃等(2006)以南京市为对象，研究不同功能区土壤有机碳和黑炭含量的时空分布特征，发现城市不同功能区因人为作用方式、强度不同，其土壤有机碳和黑炭含量存在差异性，具体来说，与郊区土壤相比，城市土壤有机碳含量和黑炭含量较高；同时，发现土壤中黑炭与有机碳含量的比值大小在一定程度上反映土壤的污染程度。Sharma 等(2014)通过识别并量化不同土壤属性与不同碳组分的相互关系，发现土壤有机碳有助于提高阳离子交换量（CEC），土地利用方式比土壤固有属性对土壤碳库的影响更大，还发现造成农业退化土壤有机碳含量较低和碳损失的主要原因是耕作和土壤侵蚀。罗梅等（2020）以第二次全国土壤普查 2473 个土壤典型剖面的表面土壤有机碳含量为研究对象，以普通克里格法为对照，利用地理加权回归、地理加权回归克里格、多元线性回归和回归克里格模型建立土壤有机碳空间预测模型，同时探讨了土壤有机碳含量与土壤属性及环境因子之间的相关关系，研究成果对整体上掌握中国土壤肥力状况及碳库预算具有重要意义。

土壤有机质的积累和周转体现土壤肥力和生态系统的功能，同时决定了区域碳源与碳汇（Post et al., 2000; Manlay et al., 2007; Mayer et al., 2021），因此，大量学者加强对碳的来源、转化过程的研究，监测土壤中碳素的变化过程及重要的反应过程。例如，Novara 等（2014）采用土壤有机碳矿化实验和同位素分析，分析农业用地废弃后旧、新碳库的转化速率和碳的利用效率，结果表明农田弃耕后随着自然演替土壤碳库会增加，有利于大气 CO_2 浓度的降低，干湿交替对风沙土土壤有机碳的影响较大。高雅晓玲等（2020）以东北风沙土为研究对象，探讨水分对风沙土土壤有机碳矿化的影响，研究结果表明频繁的干湿循环增加了土壤细菌数，从而有利于风沙土土壤有机碳的矿化。

（2）土壤活性有机碳研究

土壤碳库通常包括有机碳库和无机碳库，有机碳库根据物理性质、化学性质及生物有效性分为可溶性有机碳、微生物生物量碳、颗粒态有机碳、可矿化有机碳、轻组有机碳、重组有机碳、快速分解有机碳组分、慢速分解有机碳组分、难分解有机碳组分等具有不同性质的有机碳组分。有关研究发现（林启美等，1999），依据不同的提取方法所获得的有机碳组分占土壤总有机碳的比例存在显著差异（表 1-1）。考虑到有机碳不同活性组分在土壤碳循环中所起的作用有着明显的差别，同时大量研究发现土壤碳库中的活性有机碳与大气 CO_2 相互反馈作用更为频繁（柳敏等，2006），所以国内外学者更加关注与全球气候变暖关系更加密切的土壤活性有机碳分布特征。

表 1-1 土壤有机碳库中部分组分占总有机碳的比例

土壤碳库	提取方法	占总有机碳的比例/%
可溶性有机碳	去离子水提取（水:土=2:1）	8.00～13.30
微生物生物量碳	基质诱导呼吸法	0.38～0.98
颗粒态有机碳	六偏磷酸钠溶液提取	3.05～12.68
轻组有机碳	离心-虹吸法	5.33～11.93
易氧化有机碳	0.02mol/L $KMnO_4$ 氧化法	0.93～1.01

可溶性有机碳是联系陆地生态系统和水生生态系统的一种重要的、活跃的环境化学物质，对调节土壤阳离子淋失、矿物风化、土壤微生物活动以及其他土壤化学、物

理和生物学过程具有重要意义，常被用来表征土壤活性碳库变化的主要因子(Berg et al., 2012；韩琳等，2010；肖好燕等，2016；杨桦，2023)。受土壤理化性质、植被生物量、气候特征和土壤微生物的影响，不同区域土壤活性有机碳含量存在较大差异。同时，土壤可溶性有机碳含量受凋落物数量和质量、土壤有机质含量、土壤微生物活性、土壤质地和人为干扰等因素影响而表现出明显的季节变化特征。

作为土壤碳库中最为活跃的组成成分，土壤微生物生物量碳(soil microbial biomass carbon, SMBC)是指土壤中体积小于 $5000\mu m^3$ 的活的和死的动物、微生物总量(包括细菌、真菌和微动物体等)，其数量和质量直接影响到土壤的生物学特征及其过程，其活性是调节土壤物理学、化学和生物学过程的重要驱动因素，对土壤肥力及土壤中有机污染物的迁移转化等方面都有重要作用和意义，同时其对土地利用方式、耕作方式、灌溉方式及土壤生态环境条件变化的响应更加灵敏。通过大量研究发现，土壤微生物生物量碳和土壤总有机碳之间存在显著的相关性，且与土壤总有机碳相比，土壤微生物生物量碳对土壤自然和人为的扰动更加灵敏，更能敏感地指示土壤质量和环境承载力的变化，是土壤肥力的重要指示因子(刘玉杰等，2011；禹朴家等，2018)，因此人们更愿意通过观察土壤中微生物生物量碳的动态变化来间接反映土壤有机碳库的变化(周义贵等，2014；王启兰等，2008；赵晶等，2015；林雅超等，2020)。基于此，国内外众多学者在土壤微生物生物量碳的测定方法和微生物生物量碳评价土壤质量等方面进行了大量研究。方丽娜等(2011)采用去除凋落物和切根控制实验，发现林型和季节变化是导致土壤微生物生物量碳呈现明显差异的重要因素。其他学者发现土壤有机碳季节变化的影响因素包括土壤温度、土壤湿度(范志平等，2018；唐薇等，2021；Devi et al., 2006；Edwards et al., 2006)和根际分泌物(Högberg et al., 2001)。刘秉儒(2010)在贺兰山的研究发现土壤微生物生物量碳、氮随海拔升高而增加，同时还发现造成土壤微生物生物量碳沿海拔梯度变化的重要影响因子是降水量、土壤温度和土壤有机质等。研究发现土壤微生物生物量碳氮比越大，真菌所占的比例越高(罗佳琳等，2021；Qiu et al., 2010)，而土壤中真菌占优势，说明土壤腐殖化能力越大，换句话说土壤的固碳能力越强(Bailey et al., 2002)。

(3)土壤有机碳储量估算研究

近年来，碳储量问题逐渐成为全球变暖与生态环境研究领域的前沿与热点问题，为此学者从全球及国家尺度、区域尺度开展了土壤有机碳储量估算研究。从区域尺度出发，张青青等(2020)调查了上海市 472 个绿地土壤样点，通过土壤有机碳含量、密度等指标估算出 2015 年上海市绿地表层土壤有机碳储量约为 $4.26×10^6t$。同时，基于上海市绿地规划及表层土壤有机碳平均含量的年均增加速率，预计至 2035 年上海市绿地表层土壤有机碳储量可达 $1.53×10^7t$。陈中星(2018)以六种我国常用制图尺度(1:5 万、1:20 万、1:50 万、1:100 万、1:400 万、1:1000 万)土壤数据库为基础资料，采用土壤类型法评估福建省土壤有机碳储量，分析结果表明福建省表层土壤有机碳密度和剖面土壤有机碳密度远高于全国平均水平，其原因是地形、气候、植被覆盖度等因素有利于土壤有机碳的积累。从国家尺度出发，Martin 等(2016)采集 4401 个表层土壤样品，对样品的土壤有机碳含量、土壤容重、石砾含量指标进行测定，结果表明西班牙表层土壤有机碳含量的平均值为 56.57Mg C/hm^2，表层土壤有机碳库储量为 2.8Pg C。近年来，国内研究者(周成虎等，2003；王绍强等，2003；解宪丽，2004)根据第二次全国土壤普查数据的实测资料对我国土壤有机碳库储量及平均碳密度也进行广泛研究，积累了很多基础数据，为评估全国土壤有机碳储量奠定了重要基础。然而，由于计算方法和采样数量的差异，土壤有机碳储量估算存在不确定性，其结果存在一定的差异(表 1-2)。

表 1-2　全国范围内土壤有机碳研究结果(0～1m)

年份	作者	资料来源/研究方法	土壤有机碳库储量/Pg	平均碳密度/(kg/m²)
2003	周成虎	第二次全国土壤普查的实测数据	92.42	10.66
2003	王绍强	同上	61.52～121.14	10.49～10.53
2004	解宪丽	同上/地理信息系统技术及模型研究方法	84.4	14.36

当前我国对陆地生态系统碳储量、碳通量的研究主要集中在森林、草地、农田、湿地四种陆地生态系统，而对我国西北内陆干旱半干旱地区不同生态系统碳循环的研究相对缺乏；西北地区 CO_2 监测点和大规模的自由空气碳富集(FACE)实验场地也相对较少，难以满足科学研究的需要；碳储量的研究数据基本上来源于第二次全国土壤普查 2473 个典型土种剖面数据。随着人们对土壤问题的关注度逐渐提高以及与土壤污染状况密切相关的粮食安全问题日益突出，我国土壤污染调查结束之后，应尽快实施第三次全国土壤普查，并加强利用最新的数据重新对不同生态系统碳储量进行估算(李国栋等，2013)。

(4)碳循环与土壤有机碳研究

土壤有机碳转化是自然界碳循环的重要部分。土壤和植物作为天然调节剂可以调节大气 CO_2 的变化。大气 CO_2 通过光合作用将 CO_2 转化为有机物，合成的有机物又作为动物和植物的食物，动物、植物、微生物残体在土壤中缓慢分解和转化成土壤有机碳，难分解的有机碳储存在土壤中，易分解的有机碳以 CO_2 的形式释放到大气中(Chan, 2008)。难分解的有机碳作为土壤有机碳的重要组成部分，其含量约占土壤碳库的 80%，在调节地球上的生命过程方面发挥重要作用(张睿博等，2023；Ontl et al., 2012)。

土壤有机碳一直处于分解和积累的动态变化过程中，其含量的变化主要取决于有机碳输入量与输出量的相对大小，尤其与有机碳在土壤中的分解、转化有密切关系。因此，土壤有机碳在土壤中的转化已经受到众多学者的关注，但土壤有机碳组成成分的复杂性以及其循环过程与环境因子密切的相关性，导致对土壤有机碳在土壤中转化机制的研究还不是十分深入，对其具体的转化过程也不是很明确。但是，近年来有关土壤有机碳稳定性概念模型的提出，为我们探讨土壤有机碳在土壤中的转化过程提供了新的研究方向。

土壤有机碳循环受到多方面因素的影响，主要包括自然因素和人为因素。自然因素包括温度、降水、大气 CO_2 浓度、凋落物 C/N、土壤理化因子等；人为因素包括耕作制度、土地利用方式等。针对这些影响土壤有机碳循环的关键因子，国内外学者已开展了大量深入的研究，取得了较好的研究成果。气温升高和适度的降水将加速凋落物的分解，有利于有机碳的积累(Prescott, 2010)。Zhou 等(2019)发现凋落物 C/N 和湿润指数(年降水量与年蒸散潜力的比值)对土壤有机碳的积累影响较大，而对凋落物数量和土壤质地的影响较小。人为因素通过改变微生物群落结构和土壤物理特性来影响土壤有机碳的形成和分解过程。Abbas 等(2020)观察半干旱地区小麦-玉米和小麦-棉花轮作 10 年范围内深层土壤剖面有机碳分布的变化，研究发现免耕条件下土壤有机碳储量约 $43.3Mg/hm^2$，比传统覆盖耕作高出 14%，并且认为免耕与秸秆覆盖相结合可以减少土壤中碳的损失，有利于缓解因耕作所带来的全球变暖风险。

1.2.2　土壤腐殖质

（1）土壤腐殖质的概念和发展历史

一般地，土壤有机质是指土壤中所有含碳类的有机化合物的总称，包括土壤中的各种动物和植物残体、微生物及其分解与合成的所有有机化合物(鲍士旦，2000)。在土壤有机质中，土壤腐殖质是主体部分，是特殊的土壤有机质，约为土壤有机质总量的 65%，是指土壤有机质中去除各种未分解及半分解的动、植物残体后的剩余部分。根据腐殖质的结构和性质，将腐殖质继续分为腐殖物质和非腐殖物质。其中，具有特定的化学性质并且结构已知的腐殖质称为非腐殖物质，具体包括多糖、氨基酸、木质素、蛋白质、核酸及有机酸等，占腐殖质总量的 20%～30%。而腐殖物质是指那些由多酚及多醌类物质在微生物等作用下聚合而成的具有芳香环结构的、黄色至棕色非晶形的高分子有机物质，其主体是各种腐植酸及其与金属离子相结合的盐类，因此经常与土壤矿物紧密结合形成有机无机复合体而难溶于水，是最难降解的土壤有机质，占土壤有机质总量的 60%～80%。它与土壤形成发育密切相关，同时也对土壤的物理、化学、生物学性质以及土壤中重金属的赋存形态和生理毒性有着极为重要的影响，所以历来受到土壤学、生态学和环境科学等研究的重视。

腐殖质的定义经历了由模糊到清晰，范围由小到大的演变过程。1786 年，Achard 尝试采用稀碱溶液提取腐殖质(白由路，2017)；1804 年，德国学者 Thaer 提出植物腐殖质营养学说；1830 年，Berzelius 对腐殖物质进行分类。相关研究开展以来，发表了许多相关的资料与论著(Aiken et al., 1985；夏荣基，1982；文启孝，1984)。腐殖质曾一度与有机质相混淆，在腐殖质的现代含义中，不再严格区分有机物料的腐解程度，而是定义为腐解过程中形成的、根据其在酸性或碱性溶液中溶解度的不同，区分为胡敏酸（HA）、富里酸（FA）和胡敏素（HM）（张伟，2014）。其中，胡敏酸又称为褐腐酸或腐植酸，富里酸又称为黄腐酸，胡敏素又称为黑腐酸。腐植酸也被认为是包括腐殖物质中所有的酸性有机化合物。实际上，在过去的一段时间内，这些称谓一度被混用，给腐殖质的相关研究工作带来了许多不便。腐殖质类型和性质是评价土壤环境质量的指示指标之一（Solida et al.，2015），与其他指示性指标综合表征土壤环境质量。

对于腐殖质，国内外许多学者已经进行了大量的研究，获得了许多研究成果，包括腐殖物质的分离提纯，胡敏酸的光学特性，腐殖物质与土壤中重金属的关系，土壤腐殖质与土壤团聚体抗侵蚀能力的关系等（张葛，2015；宁丽丹，2005；张葛等，2016；杨玉盛等，1999；Bayranvand et al.，2017）。土壤腐殖物质分子结构的复杂性，使得对腐殖质的研究很难进一步深入，只有充分借助现代先进的科学仪器，才能更好地了解和掌握腐殖物质的微观结构。针对当前普遍采用胡敏酸与富里酸的比值表示土壤腐殖化程度（芳构化和聚合程度）以及稳定程度的这一问题，国内外研究学者对此存在不同的看法，一部分学者认为该比值可以较好地表示土壤腐殖质腐殖化程度，但也有一些学者的研究结果表明，考虑到胡敏酸与富里酸的比值结果容易受到计算方法的限制，其误差较大，因此胡敏酸与富里酸的比值不适合用来作为腐殖化程度的表征指标。

与国外相比，国内对土壤腐殖质的研究起步较晚，但发展迅速，尤其是在中国科学院熊毅院士、吉林农业大学窦森教授等国内一批优秀专家学者的带领下获得了卓越的成果。研究内容主要集中在不同植被条件、不同土地利用方式、土壤管理措施、土壤类型等对土壤腐殖质组成的影响。例如，王鑫等（2014）以陇东黄土高原沟壑区人工沙棘林根际土壤为研究对象，研究发现不同恢复年限的沙棘林土壤腐殖质各组分有机碳含量大小依次为胡敏素＞胡敏酸＞富里酸，随着土层深度的增加，腐殖质各组分（胡敏酸、富里酸和胡敏素）均表现出下降趋势。王天高等（2014）采用野外调查与室内分析相结合的方法，重点探讨了脆弱生态系统（山地森林-干旱河谷交错带）中不同植被条件下土壤团聚体及其腐殖质分布特征，发现不同植被类型下土壤团聚体中腐殖质各组分（胡敏酸、富里酸和胡敏素）含量随团聚体粒径的减小并无明显的规律性，同时，还发现在自然情况下，土壤团聚体中腐殖质各组分含量随土壤深度的增加而降低，与土壤有机碳变化趋势一致。田淑珍等（1987）分析了吉林省5个土壤类型的土壤腐殖质组成与土壤肥力的关系，发现松结合态腐殖质含量增加有利于提高土壤氮素的供应能力和促进土壤养分元素的循环。

Zaiets等（2016）认为土壤腐殖质分类可以更好地研究土壤有机碳的动态变化，而土壤微观形态学可以更好地反映土壤腐殖质类型；Ponge等（2014）以威尼托地区（意大利北部）为研究对象，分析了成土母质、气候、植被状况和土壤类型对土壤腐殖质形成的影响，研究发现它们之间存在显著的相关性；通过对温带草原的研究，发现腐殖质化程度随降雨量的增加而加强（Ponge et al.，2013）。近年来，对于煤矸石充填复垦区,植被类型和覆土厚度的不同,导致煤矸石充填复垦区枯枝落叶分解、养分循环、根系分泌物和群落环境产生较大差异,必然影响到其土壤腐殖质含量和构成上的巨大差异(即特异变化),并对煤矸石充填复垦区土壤熟化过程和区域碳循环产生深远影响。

(2)土壤腐殖质的分组方法

土壤腐殖质提取方法比较常用的是国际腐殖质协会推荐的提取技术、Pall 法、Pallo 修改法等(窦森,2010)。由于自然地理因素等的差异性,不同区域土壤有机质在含量上可能存在很大差异,高的可达 30%及以上,低的可能不足 0.5%。根据土壤有机质分解的难易程度,可以从概念上将土壤有机质区分为活性碳库和惰性碳库以及介于它们之间的缓效碳库。土壤中的活性碳库相对易于矿化分解,如微生物量碳、部分富里酸、多糖等。而惰性碳库在土壤中长期稳定存在,占土壤有机质总量的 60%～90%,主要包括受到物理性保护的复合体中的腐殖质、大部分的胡敏素和胡敏酸等。缓效碳库则是指木质素等不易降解的化合物等。虽然迄今为止还无法将这三种碳库进行严格区分和量化,但对诸如此类的尝试一直在进行。

土壤有机质一直是土壤学领域研究的重点,包括生命体和非生命体两部分或活性组分和惰性组分(武天云等,2004)。Six 等(2002)针对提出的土壤碳饱和的概念,将土壤有机碳库分为三个子碳库:通过团聚体受物理性保护的碳库、与黏粒和砂粒紧密结合的碳库和通过形成生化稳定性难降解的有机碳库。土壤腐殖质的分组研究经过了一个由物理分组和化学分组到多种分组方法的结合,可分为物理分组、化学分组、物理-化学结合分组、生物学稳定性分组和光学分组等,其中物理分组分为团聚体分组、土壤有机质颗粒分组、密度分组、高梯度磁分离等,化学分组分为水提取分组、碱提取分组和有机溶剂提取分组等,物理-化学结合分组分为团聚体分组-化学分组结合分组法、密度分组-化学分组结合分组法和颗粒分组-化学分组结合分组法等。其中,HF-HCl 混合浸提液是提纯和浓缩土壤胡敏素较经典的方法(肖彦春,2004),可获得35%～86%的胡敏素。也有学者提出基于腐植酸提取液 pH 不同获取不同组分胡敏酸的方法(Zhang et al.,2017)。用比色法测定腐殖质组分,其测定结果与重铬酸钾容量法测定结果呈极显著相关性(杨俐苹等,2011),在一定程度上可以代替重铬酸钾容量测定腐殖质组分含量。

(3)土壤腐殖质的表征方法

腐殖质的化学结构存在较大的异质性,这种异质性可能超过其来源所带来的差异性(Derrien et al.,2017)。借助偏光显微镜等手段观测土壤有机质和腐殖质的微观形态学特征(Zaiets et al.,2016),是一种更好地认识土壤有机质和腐殖质的分解转化状况与土壤物理化学性质的关系的有效方式方法。

关于土壤有机质的结构性质研究,已应用各种现代技术(于水强,2003),如红外光谱、荧光光谱、^{13}C 核磁共振和电子自旋共振谱等。这些现代技术的应用使得所分组分更加纯化、研究手段更加多样化、结构表征更加清晰化和准确化。表征土壤腐殖质的相关指标包括化学性质指标、热学性质指标、光学性质指标等。化学性质指标包括元素组成及比例、官能团种类及含量、活化度等。一般认为，C/H 和 O/C 可以表征胡敏酸氧化程度和缩合度。热学性质主要采用差热分析和热重分析等。腐殖质的光学特性主要包括相对色度（RF）、色调系数（$\Delta \lg K$）、K_{465}/K_{665}、紫外-可见（UV-Vis）区的吸收值、UV-Vis 光谱、荧光光谱、红外光谱和拉曼光谱等。不同的表征指标之间可能存在一定的相关性，可以通过一些指标表征替代其他指标。例如，胡敏酸的芳香度可由 E_4、H/C、^{13}C 核磁共振芳香碳强度（110～140ppm[①]和 140～16ppm）、化学降解后苯羧酸产量代替表征（Tinoco et al., 2015）。

（4）土壤腐殖质的结构与功能

Lovley 等（1996）研究发现，微生物存在胞外呼吸现象，发现化学性质相对较为稳定的腐殖质在厌氧条件下，可以同时充当有机化合物矿化分解的电子受体和电子供体。这对碳、氮的地球化学循环以及重金属、放射性元素和有机污染物的降解产生深远影响（张伟，2014）。

腐植酸在农业中应用也很广泛，具有促进种子发芽、刺激幼苗发根、改善作物吸收水分及养分的能力（钟桐生，2009）。一般黏粒的吸水率能达到 500～600g/kg，而腐殖质的吸水率能达到黏粒吸水率的数十倍，达到 5000～6000g/kg（夏荣基，1982）。因此，腐殖质在水土保持方面显示出独特的作用和功能。有研究表明，将从褐煤中提取的腐植酸施加到土壤中明显提高了芹菜产量，这种效果在贫瘠土壤中更显著，能较好地替代农家肥（Ciarkowska et al., 2017）。此外，腐植酸在防沙治沙、城市污水处理、药品及保健品开发等方面发挥着独特作用。

（5）土壤腐殖质的形成机理

目前，关于腐殖质的形成机理，不同学者的观点仍存在较大分歧，分歧的焦点在于腐殖质是天然的聚合物还是碱提取过程中形成的聚合物。实际上，关于胡敏酸和富里酸形成的时间先后顺序，人们的观点还是在推测阶段。目前有两种主流观点：一是强调腐殖质的形成过程是一个由简单到复杂的过程，称为多酚理论；二是 Waksman 的木质素-蛋白质理论，强调腐殖质的形成由复杂到简单，即从胡敏酸到富里酸。腐殖质的形成过程较为复杂，特别是环境条件在时空上存在较大变异性，可能出现胡敏酸与富里酸的相互转化或单向转化，所以可能两种理论下的情况是共存的。

土壤有机物可以由 CO_2、O_2 和 H_2O 这三种物质组成，最终又将分解为这三种物质。从热力学的角度出发，可以将对土壤有机物分解与合成影响的各因素简化为 CO_2 分压、O_2 分压和 H_2O 分压这三个基本参数（沈阳农业大学土地与环境学院，1998）。在土壤腐殖质的形成与转化过程中，腐殖质受 pH、温度、水分、O_2、CO_2、黏粒含量等因素影响（Bollag et al., 1983），同时受到微生物种类和活性、植被类型、氧化还

[①] ppm 表示百万分之一。

原电位、土壤溶液的组成等因素影响。由于土壤母质在形成过程中造成的理化性质差异性较大，土壤营养元素和理化性质对驱动腐殖质成型作用更为重要(Andreetta et al.，2016)。其中 pH 对土壤有机碳库的影响表现为，土壤 pH 升高不利于土壤有机碳库的累积(窦森等，1992)。

有关土壤有机碳库的形成、转化及累积的影响因素(如 CO_2 等)的研究资料有限(梁重山等，2001)。为尽量减少土壤中原有有机质对实验结果的影响，采用有机质含量较低的土壤为供试土壤，添加秸秆进行土壤培养实验，结果表明低 O_2 和高 CO_2 浓度不利于土壤微生物生物量碳累积。例如，在豫中烟区，土壤腐殖质碳含量与土壤速效磷、碱解氮含量呈极显著的正相关关系，胡敏酸、富里酸和胡敏素含量均与土壤速效磷呈显著或极显著正相关，胡敏酸/富里酸与土壤养分的含量相关性不显著，但随着腐殖质碳含量的升高，相关性呈上升趋势(马云飞等，2011)。

适宜的土壤温度驱动着作物生长、土壤腐殖化和有机质累积(Mackay et al.，1984)。温度在土壤呼吸影响因素中较为重要，对土壤呼吸的影响程度存在较大的差异性，在某些环境条件下土壤碳分解影响因素需要进一步研究和探索(Muf，1995)。随着温度升高，土壤碳矿化对温度变化的敏感程度降低(Davidson et al.，2006)。土壤中过多的水分决定了稠密草本的形成及腐殖化的温度响应机制(Kostenko，2017)。此外，土壤中某些元素，如磷的添加(Mao et al.，2017)也可能影响湿地土壤孔隙水或表层水溶解性有机碳的分子结构变化，从而影响芳香度和有效性。

1.2.3 区域碳足迹和碳承载力

20 世纪 90 年代，Wackernagel 提出生态足迹的概念，它是指生产特定单位人口所消费的所有资源和吸纳这些人口所产生的所有废弃物所需要的生物生产土地的总面积与水资源量。碳足迹(carbon footprint, CF)则是在生态足迹的基础上衍生出来的，其通常是指一个产品或一项服务在整个生命周期(或地理范围内)直接或间接引起的 CO_2 排放量，其计算方法仍在不断发展，并成为温室气体管理的重要工具。

全球气候变暖的背景下，区域碳足迹与植被碳承载力等概念应运而生，其试图量化人类活动的碳排放及自然界植被碳固定能力，以控制人类社会的碳排放。关于碳足迹的评价方法大致分为三种(耿涌等，2010；邓宣凯等，2012；卞晓红等，2010；王微等，2010)：投入产出法(IO)、生命周期分析法(LCA)和联合国政府间气候变化专门委员会(IPCC)碳排放计算法。碳足迹的排放与一个区域人们的生活方式、经济技术条件、国家政策等都有着密切的关联(Brown et al.，2009)。基于安徽省各年份(2005～2016 年)统计年鉴和淮南市各年份(2005～2016 年)统计年鉴数据及走访调查，核算了淮南市碳足迹与碳承载力的动态变化状况，同时比较部分产业或部门的碳足迹，以期为区域碳排放政策制定、产业结构优化及土地利用方式调整等提供基础理论参考。

碳足迹(CF)，表示能源消费过程中所产生的以 CO_2 表征的温室气体的量[式

(1-1)]。碳承载力(CC)，表示每年植被通过光合作用所固定的 CO_2 量[式(1-2)]。净碳足迹(NCF)，表示区域碳足迹与碳承载力的差值。当 NCF<0 时，表示碳盈余；反之，当 NCF>0 时，表示碳赤字。人均净碳足迹(NCFP)，表示区域碳足迹与区域总人口的比值。净碳足迹密度(NCFD)，表示区域内单位面积所产生的碳足迹量值。碳足迹强度(CFI)，表示区域内碳足迹与总 GDP 的比值。碳压力指数(CPI)，表示碳足迹与碳承载力的比值。

$$CF = N \times CF_p = A \times CFD = \sum \left(CF_i \times EF_i \right) \tag{1-1}$$

式中，CF 为区域总的碳足迹；CF_p 为人均碳足迹；N 为区域人口数量；A 为区域总面积；CFD 为碳足迹密度，即单位面积的碳足迹；CF_i 为第 i 类能源或者特殊工业消费量；EF_i 为相应的 CO_2 排放系数。

$$CC = N \times CC_p = A \times NEP = \sum \left(M_i \times NEP_i \right) \tag{1-2}$$

式中，CC 为区域碳承载力；CC_p 为人均碳承载力；NEP 为单位面积的碳承载力，又称净生态系统生产力；M_i 为相应类型的植被面积；NEP_i 为第 i 种植被的 NEP。

(1)CF 与 CC 的动态变化

2005 年以来，淮南市 CF 与 CC 呈增长趋势。2005～2013 年，淮南市 CF 稳步增长并在 2013 年达到峰值(1735×10^4t CO_2)，之后有下降趋势或增速放缓，2016 年出现反弹(图 1-10)。总体来说，淮南市 CF 年均增长 63.12×10^4t CO_2，年均增长率为 4.20%。安徽省 CF 2005～2016 年稳步增长，年均增长 1445.97×10^4t CO_2，年均增长率为 6.27%，后期 CF 有增长减缓趋势。因此，淮南市 CF 的年际增速低于安徽省 CF。淮南市 CF 对安徽省 CF 的贡献逐渐降低，由 2005 年的 7.25%减小到 2016 年的 5.84%。

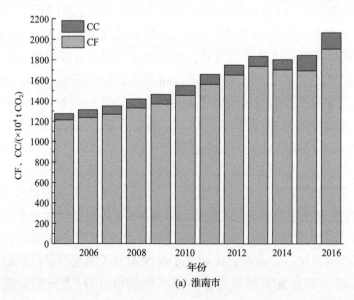

(a) 淮南市

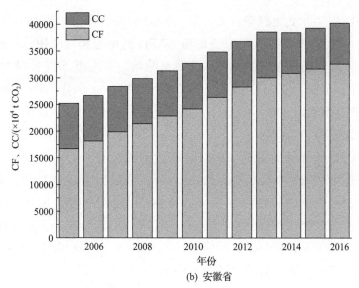

(b) 安徽省

图 1-10 安徽省与淮南市 CF 和 CC 动态变化

淮南市 CC 逐年增加,2005 年为 $60.56 \times 10^4 t\ CO_2$,2016 年增加到 $157.83 \times 10^4 t\ CO_2$,年均增量为 $8.84 \times 10^4 t\ CO_2$,年均增长率为 9.10%。相对碳足迹的年际变化状况,淮南市 CC 的年均增长率较高。然而,明显可以看出淮南市 NCF$>$0,即表现为碳赤字状态。安徽省 CC 有所下降。而淮南市 CC 在安徽省 CC 中所占比重有所增加,由 2005 年的 0.71%增加到 2016 年的 2.07%。

(2)NCFP 与 NCFD 的动态变化

由安徽省与淮南市 NCFP 和 NCFD 的年际变化状况可以看出(图 1-11),淮南市

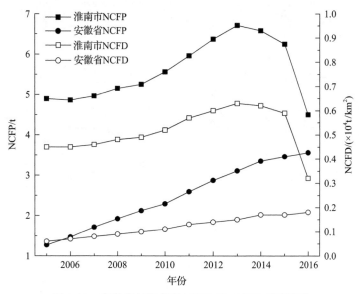

图 1-11 安徽省与淮南市 NCFP 和 NCFD 动态变化

NCFP 和 NCFD 的年际变化趋势较为一致,2005~2013 年逐渐增加,2013 年之后开始下降。2009~2013 年,淮南市 NCFP 和 NCFD 的增速相对较快,在此期间煤炭行业正处于黄金发展时期,煤炭的开采和消费量激增。淮南市 NCFP 最大值为 6.71t,出现在 2013 年。淮南市 NCFD 最大值为 $0.63×10^4t/km^2$,同样出现在 2013 年。其中在 2016 年,淮南市 NCFP 和 NCFD 下降显著,主要是因为区域调整,即寿县的并入改变了区域土地面积和人口数。

安徽省 NCFD 始终稳步增长,在 2016 年达到最大值,为 $0.18×10^4t/km^2$。其 NCFP 变化趋势同样是呈现稳定增长趋势,在 2016 年达到最大值,为 3.56t。综合比较安徽省与淮南市 NCFP 和 NCFD 的年际变化,明显可以看到淮南市 NCFP 和 NCFD 的变幅均高于安徽省。2005~2016 年,淮南市 NCFP 均值(5.59t)和 NCFD 均值($0.52×10^4t/km^2$)均显著高于安徽省 NCFP 均值(2.48t)和 NCFD 均值($0.12×10^4t/km^2$)。这一显著性主要由淮南市作为煤炭资源型城市的历史定位所决定的。

(3)CFI 与 CPI 的动态变化

淮南市 CFI 下降趋势较明显,由 2005 年的 0.46 下降到 2016 年的 0.20(图 1-12)。这在一定程度上反映了科学技术的发展促进了能源利用效率,提高了区域能源消费质量。安徽省 CFI 年际变化趋势与淮南市情况类似,由 2005 年的 0.31 下降到 2016 年的 0.14。区别主要表现在淮南市 CFI 大于安徽省同期 CFI,但这一差距有逐渐减小的趋势。

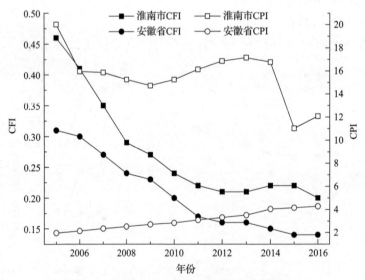

图 1-12 安徽省与淮南市 CFI 和 CPI 动态变化

2014 年之前,淮南市 CPI 较高,之后下降显著。同期,安徽省 CPI 逐年稳定上升,由 2005 年的 1.97 增加到 2016 年的 4.28,年均增长率为 7.31%。明显可以看到,相对于淮南市 CFI 与安徽省 CFI 之间的差距,淮南市 CPI 与安徽省 CPI 之间的差距要大得多。

(4)煤炭开采对碳足迹和碳承载力的影响

煤炭资源的开采过程,特别是煤炭资源的利用过程,伴随着 CO_2 温室气体的排放过程。表 1-3 为淮南市 2010~2014 年原煤产量、发电量及用电量情况。2012 年之后,淮南市原煤产量有所下降,这主要是由产能过剩造成的。发电量和用电量在逐渐增加,一方面说明煤炭发电时能源利用效率随技术进步在不断提高;另一方面说明人们对电能的需求在不断增加。对比发电量和用电量情况,可以发现淮南市区域煤炭资源的火力发电的大部分电能资源中仅有约 20%为本市消费,其余约 80%的电力能源是输送到国家电网供其他地区使用的。从区域碳足迹的角度来说,淮南市通过增加区域碳足迹过程而输送了低碳足迹电能给其他区域。这一性质决定了淮南市当前的高碳足迹现状。

表 1-3 淮南市 2010~2014 年原煤产量、发电量及用电量情况

年份	2010	2011	2012	2013	2014
原煤产量/万 t	8110	8457	9142	8486	7568
发电量/亿 kW·h	474	523	528	538	573
用电量/亿 kW·h	59.79	65.69	70.88	74.94	75.09

三大产业对电能消费的需求存在显著差异,2016 年第二产业电能消费平均所占比例约 83.36%,远大于第一产业和第三产业。淮南市第一产业和第三产业的电能消费碳足迹在三大产业中的比例逐渐增高,而第二产业的电能消费碳足迹比例逐渐降低(表 1-4)。这与区域经济发展和结构调整有关,在某种程度上淮南市的农、林等产业得到较大发展,对区域绿化等重视程度加大。同时,经济发展过程中的技术进步使得工业发展效率得到较大提高,电能的利用效率得到提高。

表 1-4 淮南市三大产业电能消费碳排放比较 （单位：%）

年份	2010	2011	2012	2013	2014	2015	2016
第一产业	1.23	1.25	1.33	1.40	1.10	1.43	1.88
第二产业	91.45	90.71	89.51	88.52	88.30	86.64	83.36
第三产业	7.32	8.03	9.16	10.08	10.60	11.94	14.76

图 1-13 为淮南市采煤沉陷区域面积年际变化情况。采煤沉陷区域面积基本呈现线性增长趋势,由 64.54km^2(2003 年)增加到 278.60km^2(2017 年),相应的采煤沉陷区域面积占全市土地面积的比例在 2005 年接近 10%。每年仍以 1.8 万~2.5 万亩[①]的速度发展,将会丧失更多的陆地面积。这些区域原先为农田、林地或居住区,采煤沉陷导致了原有土地功能的丧失,其中原本为植被覆盖的区域植被的丧失无疑减弱了区

———————————

① 1 亩≈666.67m^2。

域植被的固碳能力。同时，大部分沉陷区域转变为水域，改变了区域水陆分布格局，可能会对区域气候产生不同程度的影响。

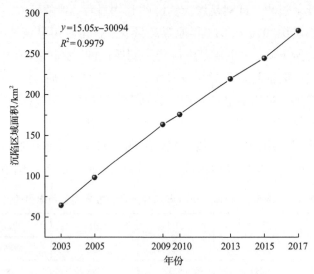

图 1-13　淮南市采煤沉陷区域面积年际变化

　　针对当前采煤沉陷区域演变现状，淮南市需要积极探索采煤沉陷区域的环境治理与生态修复途径和方法，将采煤沉陷区域，特别是水域转变为优势资源。此外，应当加强区域植被覆盖，特别是优化土地绿化与功能区调整及布局。

1.3　土　壤　呼　吸

1.3.1　土壤呼吸的概念

　　土壤呼吸是指土壤释放 CO_2 的过程，严格意义上讲是指未扰动土壤中产生 CO_2 的所有代谢作用，包括三个生物学过程(即土壤微生物呼吸、根系呼吸、土壤动物呼吸)和一个非生物学过程，即含碳矿物质的化学氧化作用。土壤呼吸作用，一般指土壤释放 CO_2 或吸收 O_2 的强度，可分为自养型呼吸(根系呼吸和根际微生物呼吸)和异养型呼吸(微生物和动物呼吸)，自养型呼吸消耗的底物直接来源于植物光合作用产物向地下分配的部分，而异养型呼吸则利用土壤中的有机碳或无机碳。很早以来，人们把测定土壤呼吸作用强度看作是衡量土壤微生物总的活性指标，或者作为评价土壤肥力的指标之一。但必须指出，土壤微生物活动是土壤呼吸作用的主要来源。因此，影响土壤微生物活动的诸因子，如土壤有机质含量、pH、温度、水分以及有效养分含量都能影响土壤呼吸作用强度，并从土壤呼吸作用强度的变化中反映出来。土壤呼吸也是预测生态系统生产力对气候变化响应的参数之一，在全球范围内，土壤中碳储存量远大于植被和大气中的碳含量，因此土壤中碳含量的微小变化会在很大程度上影响全球的碳平衡，导致大气中 CO_2 含量发生明显变化(Song et al., 2013)，CO_2 是典型的温室气体。

人类活动对土壤呼吸有极大影响，因为人类有能力且已经长期在改变许多影响土壤呼吸的因子。全球的土壤呼吸速率都会受以下因素影响，气候变迁中大气不断上升的 CO_2 浓度，温度升高和骤变降雨模式，而人类增加氮肥也有可能影响其速率。土壤呼吸及其速率对于了解整个生态系统非常重要，这是因为土壤呼吸在全球碳循环以及其他循环中占据很重要的位置，植物的呼吸不仅释放 CO_2，在植物结构本身中也包含了其他元素，如 N。土壤呼吸与全球气候变迁呈正回馈关系。正回馈是当系统中改变时所产生的回应也是同一个改变方向，因此当土壤呼吸速率被气候变迁影响时回应会增强气候的变迁。森林土壤呼吸是陆地生态系统土壤呼吸的重要部分，其动态变化将对全球碳平衡产生深远的影响。全球森林过度采伐和其他土地利用变化导致土壤 CO_2 释放量的增加，占过去两个世纪因人类活动释放的 CO_2 总量的一半，是除化石燃料燃烧释放 CO_2 导致大气 CO_2 浓度升高的另一重要因素。森林土壤呼吸也是目前已建立的长期监测 CO_2 通量数据网络的重要研究对象之一，是研究世界碳循环的重要课题。

土壤呼吸与土壤表面 CO_2 的释放速率有所差异，因为 CO_2 的释放速率不仅取决于土壤呼吸的进程，还受到土壤剖面 CO_2 浓度梯度、土壤温度、孔隙结构等理化性质以及近地表大气中 CO_2 浓度等众多因素制约，但在长时间尺度监测中土壤呼吸和 CO_2 的释放速率在数值上基本一致(Luo et al., 2007)。因此，常用土壤表面 CO_2 通量来近似表征土壤呼吸量的大小。

土壤呼吸的监测方法有很多，主要有涡动相关法、动态气室法、静态密闭气室加碱液吸收法、放射性碳测定法等(刘辉志等，2006；陈孝杨等，2016；Stéphanie et al., 2015；Mariko et al., 2012)，不同的监测方法存在各自的优势和弊端，2004 年 LI-COR 公司成功研发出 LI-8100 开路式土壤碳通量测量系统，成为当前土壤呼吸监测的首选设备。

1.3.2　土壤呼吸的环境影响因子

作为衡量全球碳平衡及表征土壤质量和肥力的重要生物学指标，土壤呼吸本身就是一个复杂的生物化学过程，因此其过程受到很多因素的影响(图 1-14)。例如，温度(包括大气温度、土壤温度)和土壤湿度是影响土壤呼吸的主要因素，此外，还有土壤有机碳、土壤 CO_2 浓度、N 沉降、地表植被类型、土地利用方式以及人为扰动(张东秋等，2005；原樱其等，2023；范博等，2023；冉漫雪等，2024)等因素。

(1)温度

大量研究证明，土壤呼吸过程中的大部分变异可以用温度的变化来解释(Liu et al., 2002)，在无降雨条件下，土壤温度是影响土壤呼吸的主要因素(Shoucai et al., 2014)，这是因为温度的升高会增强土壤中动植物、微生物及呼吸过程进行所需酶的

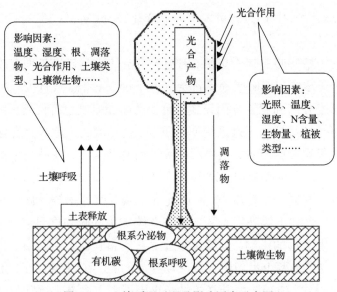

图 1-14　土壤呼吸过程及影响因素示意图

活性，促进其呼吸过程的进行，提高 CO_2 排放量。土壤呼吸对温度的响应通常用温度敏感性（Q_{10}）来表示，即土壤温度每升高 10℃时土壤呼吸的变化量，温度敏感性并非固定值，其本身还受到土壤温度和土壤水分状况的影响（Acosta et al., 2013）。Fabrício 等（2014）通过研究原始亚马孙雨林区土壤 CO_2 交换与土壤温度之间的关系得出，土壤呼吸与土壤温度之间存在一定的滞后作用，但表层土壤温度与土壤呼吸之间的滞后作用最小，相似的结果在其他研究中也有发现。土壤温度对土壤 CO_2 排放量的影响在某种程度上决定了全球气候变化下土壤有机碳库的改变，随着温度的升高，土壤 CO_2 排放量增加，从而加剧全球气候变暖的趋势（王光军等，2008），这使得研究土壤 CO_2 排放量与土壤之间的关系尤为重要。

（2）土壤湿度

土壤湿度即土壤水分含量，是影响土壤呼吸的第二环境因子，土壤温度和湿度对土壤呼吸的影响研究通常同时进行，但关于土壤湿度对土壤呼吸过程的影响研究结果目前尚不统一，有研究认为土壤湿度是影响土壤 CO_2 排放量的主要因素，土壤水分是影响土壤 CO_2 通量的主要因素，在温度升高的条件下，土壤水分含量在很大程度上决定了土壤是作为碳源还是碳汇（Christian et al., 2013；李兆富等，2002）。一般情况下，湿度对土壤呼吸的影响有一个限值，当超过该限值时，土壤呼吸受到湿度的抑制。部分研究认为，湿度对土壤呼吸的影响取决于土壤温度。但是也有研究认为，土壤 CO_2 通量与湿度之间没有相关性，Jia 等（2014）以温带半干旱草原区为研究区域研究湿度对土壤 CO_2 通量的影响时发现，土壤温度可以解释土壤 CO_2 通量变化的 37%～63%，而湿度仅可以解释其变化的 1%～20%。Balogh 等（2011）的研究也认为在时间尺度上，土壤水分含量对土壤呼吸的直接影响相对于温度来说要小得多。

（3）其他因子

土壤有机碳是土壤中较为活跃的部分，其储量与土壤 CO_2 排放量之间有紧密关系，土壤中的有机物通过分解、合成有机质，其含量和动态变化在全球碳循环中发挥着重要作用，土壤有机碳含量取决于土壤中有机碳输入和输出的动态平衡（韩源，2009），土壤中储存的有机碳可为微生物分解及根系生长提供一定的营养物质。Bahn 等（2008）研究认为，草地土壤 CO_2 释放量与土壤有机碳含量之间存在对数相关关系，这是因为土壤有机碳含量越高，土壤中微生物的数量越多且活性越大，从而使土壤呼吸作用越大。Mariko 等（2012）通过放射性碳（^{14}C）标记法监测得出通过有机碳分解释放的 CO_2 对土壤呼吸的贡献有 23%～33%的结论，不同季节其贡献率存在差异。土壤有机碳含量易受到土壤通气状况的影响，将生物炭加入土壤中，提高土壤的通气性，也许有助于减缓温室气体的排放（Sean et al., 2012）。

土壤呼吸释放 CO_2 的过程是 CO_2 气体在土壤中形成后在浓度梯度的驱动下通过扩散作用向地表运输的过程，土壤空气中的 CO_2 主要来源于植物根系呼吸和土壤中的微生物对含碳物质的氧化分解（梁福源等，2003），微生物对含碳物质的氧化分解即为土壤中有机物质的矿化过程，土壤中有机碳含量直接决定了微生物可分解有机质的多少，有机碳含量越高，微生物可分解物质越多，越有利于土壤空气中 CO_2 的形成，从而使得土壤向大气排放的 CO_2 量增加，表现为土壤呼吸速率的增加。

此外，土壤 N 含量、植被叶面积指数以及土壤中 CO_2 浓度也是影响土壤呼吸的重要因素，土壤呼吸产生的能量通常用来支撑根系对 N 的吸收与同化，N 含量的大小与植被根系生长速率之间存在显著正相关关系，向土壤中添加 N 可以促进植物的初级生产，从而为土壤呼吸提供更多的底物，增加土壤 CO_2 排放量。叶面积指数对土壤呼吸的影响程度取决于研究区植被类型，叶面积指数大小可以反映出植被的生产力状况（Sims et al., 2001），并且可以通过影响植被覆盖下土壤的微气候从而影响土壤呼吸（Raich et al., 2000），土壤 CO_2 浓度也会对土壤呼吸产生一定的影响，Norby 等（2004）研究认为土壤 CO_2 浓度与植物根系呼吸之间存在正相关关系，这是因为土壤 CO_2 浓度升高会提高土壤内部温度，促进植物的生长，从而加强植物的根系呼吸作用，促进土壤呼吸过程。不同因子对土壤呼吸存在交叉影响，单一因子对土壤呼吸的影响研究目前仍较难实现。

1.3.3　土壤呼吸的动态变化

国内外对于土壤呼吸的研究由来已久，土壤呼吸的动态变化特征表现出显著的规律性，一般以日变化和季节变化来描述。土壤呼吸的日变化主要取决于当天的气候变化特征，季节变化特征除受气温和含水量的影响外，主要取决于土壤地上底物供应的变化（Bond-Lamberty et al., 2010；Tans et al., 1990）。

（1）日变化

众多研究表明，土壤呼吸在一天内的变化趋势与温度之间表现出明显的相似性，上午时段土壤呼吸随土壤温度的升高而增大，当达到最高值时再随土壤温度的降低而减小，在时间上表现为土壤呼吸在 02:00～06:00 时最低，在 07:00～08:30 时开始升高，在 14:00～16:00 时达到最大，之后开始下降，日复如此。有研究表明，土壤呼吸在上午 10:00 左右的呼吸值与土壤呼吸日均值较为接近（Xu et al., 2001），可用其来描述土壤呼吸的日均值。

（2）季节变化

土壤呼吸的季节变化特征几乎存在于所有的研究中，且均表现出夏季高冬季低的特点。土壤呼吸在一年内的变化规律表现为：在冬季温度较低时，土壤呼吸速率较低；在春季，随着温度的升高，土壤呼吸速率也开始逐渐升高，在 7 月末、8 月初达到最大。产生这种变化趋势的主要原因在于夏季温度高、降雨量充足，有利于土壤中动植物及微生物的生长，促进其呼吸过程的进行，增大土壤 CO_2 排放量；之后，随着温度的降低，降雨量减少，土壤中动植物及微生物活动减少，参与土壤呼吸过程的酶活性降低，使得土壤 CO_2 排放量逐渐降低，并在冬季达到最低值。王亚军等（2016）通过研究西双版纳热带季雨林土壤呼吸状况得出，落叶季雨林和常绿季雨林两种热带雨林土壤呼吸的季节变化均表现为单峰型，在秋季土壤呼吸速率最高，冬季最低，基本上与温度和降雨量的季节变化趋势一致。

1.3.4　根系呼吸及其关键影响因子

迄今为止，植物根系呼吸尚没有被给出明确的定义，广义的根系呼吸包括纯根系呼吸和根际微生物呼吸。姜艳等（2010）解释植物根系呼吸是通过呼吸作用将光合作用产物氧化分解，释放出能量和 CO_2 的过程，包括活根的呼吸，共生菌、根真菌和与之相关的有机体的呼吸，以及根际分解者利用根的分泌物和根系死亡组织而进行的呼吸，其机理属自养呼吸。而 Nakamura 等（2016）认为植物根系呼吸分为植物生长呼吸和维持呼吸两部分，其中生长呼吸是指植物生长发育过程中的呼吸作用，主要由组织 O_2 含量及光合作用等因素决定；而维持呼吸为维持现有组织的呼吸，包括物质运输、蛋白质的合成与利用、离子吸收、水分蒸腾等。

植物根系呼吸已有近百年的研究历史，研究区域涉及热带、亚热带、温带、亚寒带等多个区域，且伴随着研究区域和环境的改变，根系呼吸情况也各不相同。1924 年，Lundegardh 等首次研究在沙地上生长的植物，发现由根系产生的 CO_2 通量几乎 50% 来自附着在根部的微生物呼吸。1967 年，Wiant 等在研究森林凋落物分解过程中，首次提及了根系呼吸的概念。到 20 世纪 80 年代，世界各地相继进行了这方面的研究。

随着全球变暖问题日益突出，明确了解大气中 CO_2 的源和汇对全球气候变化至关重要（Tomotsune et al., 2013），植物根系呼吸作为全球碳循环中的重要组成部分，对根系呼吸的研究已成为当前研究的热点。21 世纪以来,国内外学者在根形态方面开展了大量研究,均发现其对根系呼吸有显著的影响,伴随着根级的上升,根直径逐渐增大,组织含 N 量、横截面积以及呼吸速率都逐渐减小(Burton et al., 2015;Jia et al., 2013;Marsden et al., 2008);此外,根系呼吸速率随着植物根冠比的增大亦呈现下降趋势,但随 N 含量增加而增加(Hao et al., 2014)。为验证这一现象,加拿大学者 Hawthorne 等(2017)对哥伦比亚贝尔河营的森林土壤根系呼吸进行了研究,发现在外加氮肥条件下根系呼吸都有所提升,与此同时,意大利学者 Sorrenti 等(2017)在类似环境和土壤类型下,做了相同的实验,且得到了一致的结果;然而添加 N 只能在一定范围内达到这种效果,Ceccon 等(2016)发现当添加 N 含量超过一定浓度后,根系呼吸呈现下降趋势。过量的 N 元素会抑制植物根系对 P、K 元素的吸收,从而降低了根系呼吸通量。2000~2010 年,北京大学生态学系首次大规模探究了我国森林根系呼吸在大气梯度下的变化(Li, 2013),该研究对我国根系呼吸的深入研究起到了很大的指导作用。在此期间,关于植物根系呼吸各方面的相关研究层出不穷,学者对根系呼吸的认识也不断增加。

(1)土壤温度变化对根系呼吸的影响

土壤温度是影响根系呼吸作用的主要驱动因素,通过参与植物根系和根际微生物的生理过程直接影响根系呼吸,但是其对根系呼吸速率的影响仍然是一个不确定的核心问题(Thurgood et al., 2014)。

在一定条件下,随着土壤温度的升高,根系呼吸量呈先增大后减小趋势。不同类型的植物对土壤温度变化响应的趋势也有很大的区别,Jarvi 等(2013)在探究糖枫根系呼吸作用的过程中发现土壤温度在 18℃时根系 CO_2 释放量达到峰值,当土壤温度超过 18℃,土壤含水量下降,导致根系呼吸量下降;Thurgood 等(2014)研究表明含铬土壤温度在 24℃时根系呼吸通量最大,当温度继续上升至 30~36℃时,根系呼吸量略有下降。而 Rachmilevitch 等(2008)对龙胆和黑麦草两种剪股颖草类进行分析后得出,土壤温度在 17~37℃时,根系呼吸量随温度升高一直处于上升趋势,并未出现先增大后减小的现象。也有相关研究表明,土壤温度变化对根系呼吸并无影响,Zhao 等(2011)发现,在霜冻前,根系呼吸与土壤温度变化趋势高度一致;但霜冻后,尽管表土温度变化显著,根系呼吸一直保持在恒定水平。之后一年,西班牙学者 Escalona 等(2012)也得出相同结论,在水分适宜时,提升土壤温度对根系呼吸几乎毫无影响。除此之外,土壤温度也可以通过土壤水分与氧气的运输而间接影响植物根系呼吸;在不同土壤质地,土壤温度热通透效果也各不相同,这会影响到土壤温度的传递,从而对根系呼吸起着部分决定作用。目前,为了便于研究根系呼吸量与土壤温度变化的相互作用,国际上用 Q_{10}(Lloyd et al., 1994)来表示根系呼吸对土壤温度变化的响应,即土壤温度每升高 10℃时根系呼吸增加的倍数,Q_{10} 值主要受植被类型、各种环境因子等综合作用的影响。经过长时间对根系呼吸速率和土壤温度之间关系的研究和探索,学者通常用幂指数函数 $Rr = ae^{bT}$（式中，Rr 表示根系呼吸量；a、b 表示模型待定参数；T 表示土壤温度）(Chen et al., 2005)来表达土壤温度变化对根系呼吸影响的关系模型。

(2)大气温度变化对根系呼吸的影响

大气温度是植物生长发育的关键影响因子，气温高低直接决定了植物的生长快慢，气温升高其生长速度增加，气温降低会有所减缓(Hatfield et al., 2015)，植物的生长快慢变化也将直接造成根系呼吸速率不同。气体温度变化不同于土壤温度，具有强烈的季节变化与日变化特征，随着气温的变化根系呼吸也表现出相应的响应趋势(Yan et al., 2010)。研究表明，根系呼吸日 CO_2 释放速率峰值出现在 12:00~14:00，最低值在早上 8:00 左右；月平均 CO_2 释放量最大值一般出现在 7~9 月（夏季），最小值出现在 12 月到次年 3 月（冬季），此后根系呼吸通量一直呈现上升趋势直至最大值；与气温变化趋势大体一致(Ying et al., 2005；Tomotsune et al., 2013；Zhao et al., 2011)。目前，受人类活动的影响，部分地区冬季温度增加会加强植物的维持呼吸量，导致植物碳储量耗尽，从而降低下一年春季新根生长能力和植物的生产力，抵消温暖的春季给植物带来的积极影响，造成根系呼吸释放量最低值出现时间有所延迟(Andreas et al., 2009)。相关研究显示，根系呼吸随气温变化呈双峰模式。Li(2013)分析了我国五种森林类型对气温变化的响应模型，研究发现随着温度的上升，根系呼吸量呈先上升后降低再上升的趋势，其最低值出现在 9℃或 10℃。但 Wang 等(2012)对日本森林的研究结果与我国并不一致，发现多种常绿青冈类植物随着气温的提升根系呼吸量及其 Q_{10} 值都显著上升。

植物根系呼吸作用还有明显的季节动态，在不同的季节，大气温度变化对根系呼吸的影响也会表现出很大的差异，Suseela 等(2013)在实验室模拟季节变化下根系呼吸的响应，发现在生长季加热处理会抑制根系呼吸量；而在非生长季加热处理则会促使根系呼吸量显著上升。此外，降雨量少蒸发量大，环境干燥，温度升高也会降低根系呼吸量；相反在潮湿环境下，提升温度，根系呼吸量显著提升，这种情况反映出根系呼吸是气温与其他多种因子共同作用的结果。当温度较低时，根系呼吸主要受温度影响；当温度偏高时，植物对水分等依赖性增加，对根系呼吸的影响逐渐下降。

目前，大气温度变化对根系呼吸的影响还有很大的不确定性：首先，大气温度对植物的影响仅局限于植物的地上部分而无法直接作用到植物根系，对根系的直接影响不明确；其次，大气中 CO_2 的肥效作用也存在着很大的争议。

(3)大气 CO_2 浓度变化对根系呼吸的影响

大气 CO_2 浓度升高除了导致全球气候变暖外，其浓度变化直接作用于植物的生长发育过程，从而对根系呼吸产生巨大影响。大气 CO_2 浓度变化对根系呼吸的影响复杂，对不同类型植物根系呼吸的影响程度也不尽相同(Rachmilevitch et al., 2008；Wang et al., 2012)，或增加根系呼吸(Norby et al., 1987)，或影响较小(Bouma et al., 1997；Burton et al., 1997)，但很少有抑制现象发生。诸多研究显示，提升周围环境中 CO_2 浓度后会促进植物对 C 的吸收，刺激根生物量增多，从而造成根系呼吸总量提升(Luo et al.，1996)。但 Johnson 等(2000)研究发现，植物光合作用产物随着 CO_2 浓度上升而增多，在此阶段植物自身所需要消耗的养分也不断增加，由于环境养分往往不能及时供应而抑制根系呼吸量快速提升。我国学者在这些经验的基础上，研究 CO_2 浓度变化过程的同时给予氮肥养料添加，表明大气 CO_2 浓度升高和高施氮水平更大程度地增加根系 CO_2 释放量(Kou et al.，2008)。但也有观点与以上结论不符，Drake 等(2008)对美国人工林火炬松进行分析发现，提升 CO_2 浓度和施加氮肥条件下对植物根系呼吸量并无影响。此外也有研究表明，植物在不同生长阶段 CO_2 浓度变化对其根系呼吸的影响也有所不同，Kou 等(2008)在实验过程中发现，高 CO_2 浓度对冬小麦拔节期影响较小，在孕穗抽穗期显著增加了根系呼吸。总结已有研究结果，大气 CO_2 浓度增加促进根系呼吸提升主要有两个方面的原因：一方面，大气中 CO_2 浓度增加会导致土壤有机质的增加，从而影响根际微生物活性增强，间接导致根系 CO_2 释放量增加(Daepp et al.，2000；Suter et al.，2002)；另一方面，高 CO_2 浓度条件下，植物光合作用增强，植株体增大，促进细根生长和生物量，为保证植株本身正常生长和自身功能持续运行，植物生长速率和组织化学组成改变，直接影响根系呼吸量增加(Lagomarsino et al.，2009)。

(4)土壤 CO_2 浓度变化对根系呼吸的影响

诸多研究表明，根系呼吸速率随 CO_2 浓度的变化而变化。Lynch 等(2013)发现，将根放入事先经过 CO_2 浓度提升处理的土壤中，植物根系呼吸 C^{13} 释放量从-27.6%提高至-25.8%，这一结果证实了土壤 CO_2 浓度提升时会抑制根系呼吸作用。Thorne 等(2009)在研究剪切和土壤湿度对叶子和根形态以及根系呼吸影响时得出类似结论，即 CO_2 浓度与根系呼吸呈指数函数 $Y=0.0422e^{-0.001X}$(式中，X 表示 CO_2 浓度；Y 表示根系呼吸量)的关系模式。但也有研究表明，土壤 CO_2 浓度在 400~1000mg/L 时对根系呼吸作用并无影响(Mcconnell et al.，2013)。对此，Burton 等探究了 9 种类型树木根系呼吸对土壤 CO_2 含量的响应，均发现 CO_2 浓度无论是升高还是降低对根系呼吸均无影响。由此，Burton 认为，容器中高浓度 CO_2 直接作用于根系，因实验过程中的气体泄漏而会造成虚假的抑制效应，如果继续将浓度提升至 2000mg/L，这种虚假抑制效果会更加明显，且随着测量次数的增加而增加，但并没有直接的证据证明土壤 CO_2 浓度对根系呼吸有抑制作用(Burton et al.，2002)。

截至目前，未曾发现根系呼吸作用与土壤 CO_2 浓度呈正相关，土壤 CO_2 浓度变化对根系呼吸的影响机理还未统一，其影响主要有以下三个方面的原因(Bouma et al.，1997)：①由于各土壤 CO_2 浓度不同，土壤 pH 也不尽相同，植物根系呼吸量可能受土壤 pH 影响更大；②根系呼吸对 CO_2 浓度变化敏感性由于物种间的差异可能不同；③不同植物组织和种属特异性呼吸酶对 CO_2 敏感性的调节能力也有差别。

第2章 土壤重构基质(煤矸石)特征

2.1 煤矸石理化性质

2.1.1 外观特征描述

淮北矿区煤矸石样品外观上多数呈灰色、灰黑色及黑色,颜色深主要是由于样品中含有较多的有机质。少量样品呈褐色、黄褐色,主要是由于样品中含有铁的氧化物或氢氧化物。样品中可见水平层理与透镜状层理,硬度因胶结物的不同而有所不同,硅质胶结者较坚硬,泥质、钙质胶结者较松软。

临涣矿洗选矸石:样品1为白云母石英细砂岩,呈灰黑色,颗粒较细,颗粒直径为0.1~0.2mm,钙质胶结,硬度较大,石英含量较大,占95%以上,有少量的白云母。样品2为钙质泥岩,呈黑色,含有机质较多,硬度较小。样品3为碳质泥岩和泥质粉砂岩,呈黑色和灰黑色,泥岩硬度较小,粉砂岩硬度较样品1稍大。

朱庄矿掘进矸石:样品1为石炭质泥岩和粉砂岩,呈黑色和灰黑色,含少量云母和钾长石,有植物化石(印模)。样品2为粉砂质泥岩,呈黑色,有少量云母,含有机质较多。样品3为碳质泥岩,呈黑色。

临涣矿掘进矸石:样品1为石英砂岩,细砂,含少量白云母,钙质胶结,硬度较大。样品2和3为泥岩,灰色,硬度较小。样品4为砂岩,整体灰色,淡淡的绿色(含少量绿泥石等矿物碎屑)泥质胶结,硬度较小。

桃园矿掘进矸石:样品1为泥岩,整体显黄色(形成于炎热干燥气候条件),有黄灰间隔的条纹。样品2为泥岩,含少量白云母,紫红色(在氧化条件下形成,含铁的氧化物)。样品3为泥岩,泥灰色,表面有黄色的氧化物。样品4为粉砂质泥岩,灰黑色。样品5为石英砂岩,中砂,灰色,钙质胶结,硬度较大,含少量长石。

祁南矿掘进矸石:样品1为碳质泥岩,黑色,夹细砂(灰色)薄层。样品2为石英砂岩,中砂,灰色,钙质胶结,硬度较大,含少量长石。样品3为泥岩,灰色,略显红褐色。样品4为石灰岩。

许疃矿掘进矸石:样品1为中砂岩,一半灰一半紫红色,灰色部分为钙质胶结,硬度较大,含少量粗粒,红褐色颗粒,紫红色部分应为原先含有较多的还原性物质,被氧化后形成的。样品2为泥岩,灰黑色,含有机质。样品3为粗砂岩,呈白色,含石英、长石颗粒,钙质胶结,表面有黄色物质,应为含铁物质氧化产生(长石、石英粗砂岩)。样品4为石英砂岩,细砂,铁质胶结,硬度较小,整体为黄色,夹有紫红色条纹(含铁质较多),含少量白云母。

通过光学显微镜下观察,砂岩类煤矸石具有中细粒结构,颗粒直径为 0.15~0.40mm,且分选性较好,磨圆度较好,碎屑颗粒多为次圆状—圆状,主要矿物为石英,其次为长石、黏土矿物,部分煤矸石含鲕粒状菱铁矿。粉砂岩类煤矸石具有粉砂状结构,颗粒直径为 0.01~0.04mm,且分选性好,磨圆度好,碎屑颗粒多为圆状,主要矿物为石英,其次为黏土矿物。

因此,淮北矿区砂岩、粉砂岩类煤矸石的骨架颗粒组分以石英为主,部分煤矸石含长石但含量较低,富石英是研究区颗粒组分的主要特征,并且颗粒的分选性好,磨圆度高,颗粒间的接触关系多为点接触。

2.1.2　颗粒与岩性

通过现场调查分析了解煤矸石的岩性和颗粒大小组成,调查矿山企业包括淮北矿区的临涣矿、许疃矿、桃园矿和祁南矿(图 2-1~图 2-4)。

图 2-1　临涣矿煤矸石山

图 2-2　许疃矿煤矸石山

图 2-3　桃园矿煤矸石山

图 2-4　祁南矿煤矸石山

　　每座矸石山选择 4 个 100cm×100cm×100cm 采样小区,分别是粗颗粒煤矸石占优势小区(图 2-1、图 2-2)、细颗粒煤矸石相当的小区(图 2-3、图 2-4)。矸石的岩性组成主要分为泥岩[图 2-5(a)]、粉砂岩[图 2-5(b)]和砂岩[图 2-5(c)]。颗粒大小主要分为直径>10cm、5~10cm、1~5cm 和<1cm 四类,其中直径>30cm 的煤矸石不统计在内。对如图 2-1~图 2-3 右侧图片所示的调查小区,分别按岩石类型和颗粒大小进行体积百分比统计。同时,采集样品带回实验室分析各岩性矸石的容重,以计算各

(a) 泥岩　　　　　　　　　(b) 粉砂岩　　　　　　　　　(c) 砂岩

图 2-5　煤矸石的主要岩性组成

调查小区内不同岩性和不同颗粒矸石的重量百分比。对于如图 2-4 右侧图片所示的调查小区,其绝大多数矸石风化程度较高,表层矸石颗粒直径基本都小于 1cm。

从煤矸石山调查分析结果来看(表 2-1、表 2-2),祁南矿和桃园矿的煤矸石中粉砂岩、砂岩的体积百分比高于临涣矿和许疃矿。因泥岩容易风化,细颗粒占优的煤矸石中泥岩所占的体积百分比较高,基本在 80%以上。从颗粒大小上来看,祁南矿和桃园矿的煤矸石也相对较粗,尽管煤矸石在井下运输之前基本经过破碎,但因岩性不同,临涣矿和许疃矿矸石山表层煤矸石风化得更为彻底,尤其是许疃矿,调查过程中发现,尽管是粗颗粒煤矸石占优的调查小区,细颗粒煤矸石(直径小于 5cm)体积百分比也占到近 50%。而桃园矿的同样调查小区,粗颗粒煤矸石(直径大于 10cm)体积百分比为68.83%,祁南矿也占到近 50%。

表 2-1　煤矸石中岩石类型的体积百分比　　　　　(单位: %)

采样点	配比	泥岩		粉砂岩		砂岩	
		平均值	标准差	平均值	标准差	平均值	标准差
祁南矿	粗占优	76.99	4.23	14.41	3.85	8.60	1.43
	细占优	83.55	2.19	10.90	1.21	5.55	1.06
桃园矿	粗占优	59.36	3.96	10.40	0.97	30.24	2.18
	细占优	69.20	2.88	11.28	1.29	19.52	0.75
许疃矿	粗占优	84.81	2.50	6.61	0.95	8.58	1.66
	细占优	87.39	3.43	6.12	1.07	6.49	2.71
临涣矿	粗占优	87.89	3.55	6.93	2.54	5.18	0.98
	细占优	90.65	2.02	5.79	1.30	3.56	0.86

表 2-2　煤矸石中颗粒大小的体积百分比　　　　　(单位: %)

矿区	配比	>10cm		5~10cm		1~5cm		<1cm	
		均值	标准差	均值	标准差	均值	标准差	均值	标准差
祁南	粗占优	46.08	2.47	34.29	1.77	14.7	0.38	4.93	1.05
	细占优	3.80	0.76	1.80	0.86	67.74	3.87	26.66	1.50
桃园	粗占优	68.83	4.48	27.84	3.33	2.05	2.16	1.28	0.55
	细占优	0.45	0.22	6.40	1.07	37.26	2.22	55.89	2.93
许疃	粗占优	22.88	1.75	30.05	2.56	32.61	2.73	14.46	1.04
	细占优	2.96	0.98	3.33	0.25	53.63	1.55	40.08	0.89
临涣	粗占优	16.20	1.01	64.74	3.15	16.18	2.53	2.88	1.11
	细占优	3.76	1.03	2.16	0.25	56.45	3.07	37.63	2.79

对比四个煤矿的煤矸石,泥岩所占体积百分比,以桃园矿最低、临涣矿最高。但

四座煤矸石山的泥岩体积百分比均在 60%以上，无论煤矸石颗粒的大小，四座煤矸石山上泥岩所占体积百分比无显著差异。从煤矸石颗粒大小来看，就划定的四个标准（>10cm、5～10cm、1～5cm 和<1cm），同一煤矿煤矸石山不同位置的颗粒级配差异很明显。仅以<1cm 煤矸石所占体积百分比来统计，粗颗粒煤矸石占优和细颗粒煤矸石占优的两类调查小区，基本都相差 20%以上，其中桃园矿相差在 40%以上。

当然，不同调查小区的煤矸石颗粒大小的差异主要是因为风化作用，以及在煤矸石输送过程中的重力作用和水力分选的结果。在煤矸石充填复垦土壤过程中，这将进一步影响煤矸石层基质条件的变化，应该受到足够的重视。上述调查分析的研究结果将作为田间小区实验的煤矸石层颗粒配比基础，同时在矿区煤矸石充填复垦过程中，应对不同煤矸石的岩性和颗粒级配进行深入研究，并解决充填层间压实、田间管理等科学技术问题。

2.1.3　煤矸石矿物成分特征

煤矸石的矿物组成、结构、构造特征，极大地影响到煤矸石的风化状况，同时也影响到土壤形成速度和土层厚度。样品中煤矸石的矿物成分主要由石英和黏土矿物组成（表 2-3）。在煤矸石中发现了白云石和菱铁矿，含量分别为 3.67%和 7.33%，而在区域土壤中并未检测出。煤矸石是采煤过程中的产物，其经过人工机械的破碎，但基本未经过化学和生物的风化，属于原生矿物。煤矸石矿物与地壳深处的岩浆直接冷凝和结晶而成的矿物相似。因为煤矸石通过进一步风化而释放出养分是一个极其缓慢的过程。

表 2-3　淮北矿区煤矸石样品矿物组分含量　　　　　（单位：%）

编号	石英	长石	高岭石	伊利石	埃洛石	云母	菱铁矿	岩性
朱庄-1	66		15		2		17	细砂岩
朱庄-2	83		12		5			粉砂岩
朱庄-3	80		15		5			粉砂岩
临涣-1	62		30				8	细砂岩
临涣-2	72		18				10	粉砂岩
临涣-3	70		14			7	9	粉砂岩
临涣-4	72	13	5				10	中砂岩
桃园-1	79		20		1			粉砂岩
桃园-2	82		18					粉砂岩
桃园-3	72		28					粉砂岩
桃园-4	75		13				12	细砂岩
桃园-5	71	23	5			1		中砂岩
祁南-1	78		15	7				粉砂岩

续表

编号	石英	长石	高岭石	伊利石	埃洛石	云母	菱铁矿	岩性
祁南-2	88	7	5					中砂岩
祁南-3	79		21					粉砂岩
祁南-4	86	6	8					中砂岩
许疃-1	78		20		1		1	细砂岩
许疃-2	80		20					粉砂岩
许疃-3	78		16				6	细砂岩
许疃-4	79		18		1		2	粉砂岩
临选-1	55		35				10	泥岩
临选-2	51		29				20	泥岩
临选-3	48		42				10	泥岩

　　煤矸石中的黏土矿物以伊利石和高岭石为主,对其今后风化形成土壤的质地和肥力有很大帮助。因为它们有较强的阳离子交换能力,有利于土壤吸收养分且具有保肥作用,同时也能及时提供养分(速效养分)。高岭石一般呈致密细粒状和土状集合体,土块表面有滑感,土状光泽,易粉碎,是风化程度较高的矿物,阳离子交换量仅为 3～15cmol(+)/kg。伊利石一般含大量钾,是风化程度较低的矿物,阳离子交换量为 10～40cmol(+)/kg。而蒙脱石是伊利石进一步风化的产物,颗粒细小,比表面积较大,分散度高,吸水性强,阳离子交换量为 60～100cmol(+)/kg。

　　采用日本理学 Dmax/3c 型 X 射线衍射仪,2θ(测角范围)在 3°～60°进行图谱分析(图 2-6),煤矸石样品中石英含量均较高,特征峰显著,主要特征峰为 4.27Å、3.35Å、2.46Å、2.28Å、2.13Å 和 1.819Å。其次含量较高的为高岭石,其主要特征峰为 7.15Å、3.57Å、2.56Å、2.49Å 和 1.99Å。桃园-5 煤矸石样品中长石特征峰较为显著,表明样品中含有较多的长石颗粒,长石的主要特征峰为 6.41Å、4.04Å、3.78Å 和 3.19Å。另外,在少量样品中可见菱铁矿的特征峰,但强度较小,菱铁矿的主要特征峰为 3.48Å 和 2.80Å。

　　所选五个煤矿的煤矸石样品均含大量石英,主要的黏土矿物有高岭石、伊利石、埃洛石、云母等,碳酸盐类的矿物组成为菱铁矿。

　　朱庄煤矿的煤矸石样品中含大量石英,黏土矿物以高岭石和埃洛石为主,另朱庄-3检出一定量的菱铁矿。临涣煤矿的煤矸石样品以石英和黏土矿物高岭石为主,临涣-3 和临涣-4 分别检出了云母和长石。桃园煤矿的煤矸石样品中石英占有最大比例,同时含有一定量的黏土矿物高岭石,以及少量云母。桃园-5 含有部分长石,岩性表现为中砂岩。祁南煤矿的煤矸石样品表现为中砂岩和粉砂岩,石英和黏土矿物高岭石占据主要地位。许疃煤矿的煤矸石样品中同样含大量石英和高岭石,少量菱铁矿和埃洛石。临涣煤矿的洗选矸石与其他煤矿有一定的区别,色泽均匀一致,且较易风化,石英含量

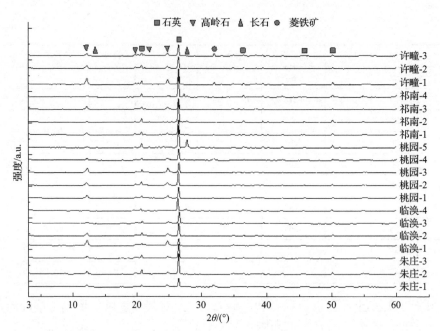

图 2-6　煤矸石样品的 X 射线衍射图谱

相对其他矿较少，黏土矿物高岭石含量较高，同时菱铁矿占有较大比例。菱铁矿是铁的碳酸盐矿物，一般呈灰白色，成分为 $FeCO_3$，经常有锰、镁等替代铁，形成锰菱铁矿、镁菱铁矿等变种。

　　通过分析比较可以得出，各个煤矿的掘进矸石矿物成分区别不大，基本都以石英、高岭石等黏土矿物为主。而临涣煤矿的洗选矸石具有一定的独特性，黏土矿物和菱铁矿含量相对掘进矸石高。

2.1.4　主要化学成分特征

　　新鲜样品经过喷金镀膜后，应用扫描电镜和能谱仪进行主要化学特征分析。扫描电镜用于煤矸石的微形貌分析，型号为 FEI Quanta 400 FEG。能谱仪主要用于矿物成分半定量分析，采用的能谱仪型号为 OXFORD IE 350，全岩主量元素分析仪器型号为 RIX 2100 型 X 荧光光谱仪。对各个煤矿的煤矸石多次取样进行分析，发现各样品间的化学成分变化不大，均以 SiO_2 和 Al_2O_3 的含量最高（表 2-4）。

表 2-4　淮北地区煤矸石化学成分　　　　　　　　　　（单位：wt%）

样品	SiO_2	Al_2O_3	Fe_2O_3	NaO	$CaCO_3$	MgO	TiO	K_2O
临选-1	43.06	46.04	10.66				0.34	
临选-2	39.35	48.77	10.82				0.49	0.57
临选-3	53.51	40.07	5.34					1.08
朱庄-1	63.01	33.04	1.5		0.47			1.98

续表

样品	SiO$_2$	Al$_2$O$_3$	Fe$_2$O$_3$	NaO	CaCO$_3$	MgO	TiO	K$_2$O
朱庄-2	59.06	32.64	4.45					3.85
朱庄-3	59.35	32.03			3.11	0.7		4.81
临涣-1	53.5	31.05	13.46				1.51	0.48
临涣-2	52.42	33.03	4.52		0.03			
临涣-3	57.54	36.01	3.5					2.95
临涣-4	48.13	37.36	7.88	3.75	1.77			1.11
桃园-1	68.43	29.02	2.09					0.46
桃园-2	62.13	30.03	0.94		6.4			0.5
桃园-3	66.28	31.66	1.1		0.96			
桃园-4	63.97	32.71	0.98		0.92			1.42
桃园-5	63.06	27.37	3.17		0.27		4	2.13
祁南-1	70.48	26.04						3.48
祁南-2	59.2	28.06	3.96	0.99	1.49		2.83	3.47
祁南-3	62.41	33.41	2.14				0.46	1.58
祁南-4	54.58	32.7	10.42		0.23	2.07		
许疃-1	64.42	34.52	0.64					0.42
许疃-2	63.38	28.13	1.94		4.57		0.97	1.01
许疃-3	64.47	33.1			0.87			1.56
许疃-4	64.78	21.51	9.97		0.19			3.55

注: wt%表示质量分数

朱庄煤矿的煤矸石 SiO$_2$ 平均含量为 60.47%，Al$_2$O$_3$ 平均含量为 32.57%，Fe$_2$O$_3$ 平均含量为 2.98%，CaCO$_3$ 平均含量为 1.79%，K$_2$O 平均含量为 3.55%，MgO 平均含量为 0.7%。临涣煤矿的煤矸石 SiO$_2$ 平均含量为 52.90%，Al$_2$O$_3$ 平均含量为 34.36%，Fe$_2$O$_3$ 平均含量为 7.34%，CaCO$_3$ 平均含量为 0.9%，K$_2$O 平均含量为 1.51%，TiO 平均含量为 1.51%。桃园煤矿的煤矸石 SiO$_2$ 平均含量为 64.78%，Al$_2$O$_3$ 平均含量为 30.16%，Fe$_2$O$_3$ 平均含量为 1.66%，CaCO$_3$ 平均含量为 2.14%，K$_2$O 平均含量为 1.13%，TiO 平均含量为 4%。祁南煤矿的煤矸石 SiO$_2$ 平均含量为 61.67%，Al$_2$O$_3$ 平均含量为 30.05%，Fe$_2$O$_3$ 平均含量为 5.51%，CaCO$_3$ 平均含量为 0.86%，K$_2$O 平均含量为 2.84%，TiO 平均含量为 1.65%，MgO 平均含量为 2.07%。许疃煤矿的煤矸石 SiO$_2$ 平均含量为 64.26%，Al$_2$O$_3$ 平均含量为 29.32%，Fe$_2$O$_3$ 平均含量为 4.18%，CaCO$_3$ 平均含量为 1.88%，K$_2$O 平均含量为 1.64%，TiO 平均含量为 0.97%。临涣煤矿的洗选矸石中 SiO$_2$ 平均含量为 45.31%，Al$_2$O$_3$ 平均含量为 44.96%，Fe$_2$O$_3$ 平均含量为 8.94%，K$_2$O 平均含量为 0.83%，TiO 平均含量为 0.42%。

各个矿区的煤矸石均以 Al_2O_3 和 SiO_2 为主,这和该区煤矸石中富含石英和黏土矿物是一致的。所分析的煤矸石样品中,含少量 Na_2O 和 K_2O,与样品中所含的钠长石和钾长石有关。

2.2 煤矸石水力学特征

2.2.1 煤矸石水分特征参数

(1)煤矸石组分对饱和含水量的影响

实验煤矸石样品分别来自某矸石山的风化煤矸石(G1)和某煤矿的破碎新鲜掘进矸石(G2)。两种煤矸石样品的饱和含水量分别为 16.40%(G1)和 8.48%(G2),G1 含水量比 G2 高出 7.92 个百分点。这主要是由两种煤矸石样品在机械组成上的差异所致:在 G1 中粒径<2mm 和 2~5mm 的含量明显高于 G2,分别占 35.34%和 28.16%,而 G2 中仅占 19.25%和 17.50%;在 G1 中以粒径<5mm 的颗粒为主,占总量的 63.50%,而 G2 中以粒径>5mm 的颗粒为主,占总量的 63.25%。在土壤中,土壤含水量随着黏粒含量的增加而增加,随着砂粒含量的增加而减少,与黏粒含量相关性最强。同样地,在煤矸石中,其含水量也会受机械组成的影响,煤矸石小粒径组成含量越高,其含水量则越高。另外,煤矸石的饱和含水量远低于土壤,一般土壤的饱和含水量在25%~60%,黏性土的含水量一般更高。这可能是由于煤矸石的密度远高于土壤,在体积相同的情况下,煤矸石的质量相对较大,其质量含水量就会偏低。另外,煤矸石由泥岩、页岩、粉砂岩、砾岩和石灰岩等组成,其颗粒组成粒径相对较大,孔隙含量相对较少,所以煤矸石含水量明显偏低。利用煤矸石对采煤塌陷区进行充填重构时,煤矸石含水量较低可能会影响表层土壤含水量。

为了进一步探究煤矸石组分对其饱和含水量的影响,取 6 袋煤矸石(G2)样品称重,依次混入每袋总质量 15%、30%和 45%的小粒径(2~5mm)和大粒径(5~10mm)碎石均匀混合,碎石由煤矸石样品过 2mm、5mm 和 10mm 分子筛获得。将煤矸石和混合样品依次标号为 0、1、2、3、4、5 和 6。取 0~6 号样品 600g,填充进大环刀内,压实到 5cm,置于水中浸泡 24h 后,测定其饱和含水量。不同碎石粒径和质量分数下混合介质的饱和含水量如表 2-5 所示。

表 2-5　不同碎石粒径和质量分数下混合介质饱和含水量

样品	碎石粒径/mm	碎石质量分数/%	饱和含水量/%
煤矸石	2~5	15	7.29
		30	10.93
		45	12.90
	5~10	15	7.28
		30	8.50
		45	6.90

煤矸石混合介质的饱和含水量随着其组分的变化而变化,相同粒级下,混合介质的饱和含水量随着碎石质量分数的增加其变化趋势有所不同:掺杂 2~5mm 粒径碎石,随着质量分数的增加,饱和含水量逐渐增加,从 7.29%增加到 12.90%;掺杂 5~10mm 粒径矸石,饱和含水量随着质量分数的增加先增加后减少,依次为 7.28%、8.50%和 6.90%(表 2-5)。与煤矸石相比,掺杂 2~5mm 粒径碎石时,仅在 15%时饱和含水量有所下降,其余饱和含水量均有所增加;掺杂 5~10mm 粒径碎石时,总体上饱和含水量有下降趋势,仅在 30%时无明显变化。多孔介质的孔隙状态对介质的饱和含水量影响最直接,这说明掺杂碎石时,会改变介质的孔隙结构状况,并且受碎石粒径和质量分数的影响。同时也说明,掺杂少量小粒径碎石时不利于介质孔隙的发展,但随着小碎石质量分数的增加,将逐渐改善混合介质的孔隙结构,其持水能力更强;掺杂 15%~45%质量分数大粒径碎石时均不利于介质孔隙的发展,这可能是由于大粒径碎石密度大,自身孔隙分布少,在相同质量时,随着大碎石质量分数的增加,介质的总孔隙度下降。

(2) 容重对煤矸石饱和导水率的影响

通过渗透系数测定仪测定 G1 样品在不同容重的饱和导水率来研究容重对煤矸石饱和导水率的影响。随着容重的增加,煤矸石的饱和导水率明显降低,当容重从 1.8g/cm³ 增加到 2.2g/cm³ 时,饱和导水率从 0.249mm/min 下降到 0.017mm/min(图 2-7)。在水分入渗过程中,土壤孔隙是水分流动的主要通道,土壤的导水率受到孔隙含量及分布状况的直接影响。容重的增加,会直接影响其大孔隙的含量、分布状况及孔隙的连续性,而饱和导水率与土壤孔隙分布又有着密切的联系。因此,容重的增加会改变土壤的孔隙状况,从而影响土壤的饱和导水率。同理,煤矸石容重的变化也会影响煤矸石的饱和导水率,但在数量级上,煤矸石的饱和导水率远高于土壤,这主要是受煤矸石颗粒组成的影响。大颗粒煤矸石掺入有利于大孔隙的发育,影响土壤的通透性,提高土壤的导水性。煤矸石与土壤饱和导水率数量级上的差异,势必会影响煤矸石充

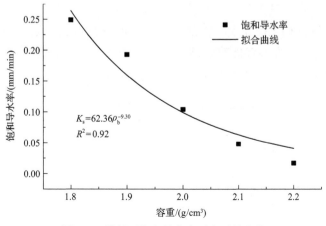

图 2-7　煤矸石饱和导水率随容重的变化

填重构土壤的水分运动及其表层土壤的水分状况，进而影响塌陷区的生态修复效果。因此，需要进一步研究重构土壤水分分布及其入渗过程。

另外，吕殿青等(2006)对土壤容重与饱和导水率的研究证实两者可以用幂函数来拟合，其表达式为

$$K_s = \mu \rho_b^{-\omega} \tag{2-1}$$

式中，K_s 为饱和导水率(mm/s)；ρ_b 为土壤容量(g/cm^3)；μ、ω 为拟合系数，其中 ω 与质地有关，质地越黏其数值越大。

通过对饱和导水率与煤矸石容重进行幂函数拟合，如图 2-7 所示，可以发现煤矸石饱和导水率与容重之间同样可以用幂函数进行拟合($R^2=0.92$)，呈显著相关。

(3)煤矸石水分特征曲线

土壤水分特征曲线作为土壤基本水力特性的重要参数之一，对土壤水分运移研究具有重要意义。一般土壤水分特征曲线用经验公式来描述，常用的有 Brooks-Corey(BC)和 van Genuchten(VG)经验公式。

BC 经验公式：

$$\frac{\theta - \theta_r}{\theta_s - \theta_r} = \left(\frac{h_d}{h}\right)^N \tag{2-2}$$

式中，θ_s 为饱和含水量(cm^3/cm^3)；θ_r 为滞留含水量(cm^3/cm^3)；h 为土壤吸力(cm)；h_d 为土壤进气吸力(cm)；N 为拟合参数。

VG 经验公式：

$$\frac{\theta - \theta_r}{\theta_s - \theta_r} = \left[\frac{1}{1+(\alpha h)^n}\right]^m \tag{2-3}$$

式中，α、n 和 m 为拟合参数，$m=1-1/n$。

通过 RETC 软件用 BC 和 VG 模型对实验数据进行拟合，拟合参数如表 2-6 所示。可以发现，BC 和 VG 模型都能有效地拟合煤矸石水分特征曲线，其中 VG 模型具有更好的拟合效果，这说明 BC 和 VG 模型同样适用于煤矸石。

表 2-6　煤矸石水分特征曲线拟合参数

样品	VG 模型			BC 模型		
	α	m	R^2	h_d	N	R^2
煤矸石	2.65	0.38	0.998	3.45	0.35	0.997

通过 VG 模型对煤矸石水分特征曲线进行拟合，可以发现煤矸石样品在低吸力段水分特征曲线陡直，吸力较小的增加就能导致样品含水量的骤降；当吸力大于200cm

H_2O 时，煤矸石的样品含水量在 8%左右，并且水分特征曲线变化平缓，即使较大的吸力变化对含水量的影响也很小(图 2-8)。这主要是受煤矸石样品的孔径影响，吸力与当量孔径成反比，孔隙的孔径越小对水分的吸力越大。而在煤矸石中，其大孔隙发育明显，大孔隙对水分的吸力相对较弱。另外，水分总是优先占据小孔隙，而后占据大孔隙，并且优先从大孔隙中排出。因此，在低吸力时，煤矸石样品大孔隙中的水分会迅速排出，导致水分特征曲线陡直；在中高吸力时，毛管水逐渐被排出，在样品颗粒表面的吸附作用及小孔隙的吸持作用下，残留水被保留，因而水分特征曲线平缓。

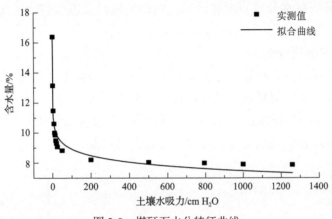

图 2-8　煤矸石水分特征曲线

2.2.2　煤矸石层水分竖直上移特征

(1)实验设计

考虑充填复垦地的区域地下潜水位往往保持恒定，实验中主要研究煤矸石层的压实度、岩性和级配三种性质对水分竖直上移的影响。依据淮北矿业(集团)有限责任公司四个主要矿区的煤矸石山调查统计和充填复垦工程实践，以容重来表征压实度，分别设定容重为 1.61g/cm³、1.86g/cm³ 和 2.13g/cm³。岩性以泥岩所含重量百分比来表征，分别为 70%、80% 和 90%。级配以＜1cm 的煤矸石块度所占比例来表征，分别设定所占比例为 30%、50% 和 70%。

土柱模型用有机玻璃制成，内径 20cm，高 100cm，低端连接地下水位恒定装置，如图 2-9 所示。充填时分别限定为单因子变化，即容重不同的柱体，煤矸石岩性和级配保持不变，泥岩含量为 80%，细颗粒煤矸石含量为 50%；岩性不同时，取容重为 1.86g/cm³，细

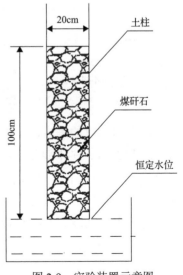

图 2-9　实验装置示意图

颗粒煤矸石含量为 50%；级配不同时，取容重为 1.86g/cm³，泥岩含量为 80%。为保证柱体内煤矸石充填的均匀度，依据给定容重计算每 5cm 高所需矸石质量，进行分层充填压实。共进行 9 种类型的土柱实验，每种类型设定 3 个重复。实验是在自然状态下进行的，柱体顶部不进行灌溉，也不安装任何蒸发装置。

在实验初始的 2d 内每 2h 观测一次水分竖直上移高度，之后每 12h 观测一次，整个实验过程持续 7d。结束后，分别测定离地下水位 5cm、10cm、15cm、20cm 和 25cm高处的含水量。煤矸石含水量由 105℃ 烘干 24h 称重计算获得。数据的处理应用 SPASS 19.0 软件，煤矸石层水分竖直上移的二次曲面响应函数模型拟合应用 Design Expert 7.1.6 软件。

（2）含水量的剖面分布

容重对煤矸石剖面含水量的分布具有重要影响。当容重较低时（1.61g/cm³），剖面各断面含水量的对应值明显低于其他两种容重处理，如图 2-10（a）所示。随着容重增加，水分剖面分布的差异性逐渐缩小，也就是说当压实度处于某一个临界点时，再增加充填复垦地煤矸石层的压实度，其水分条件的改善是有限的。

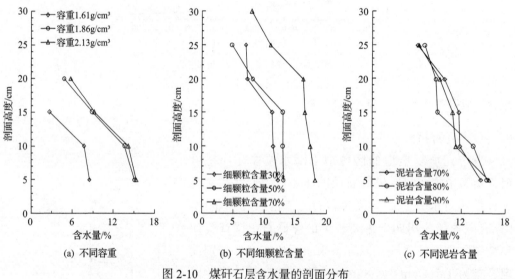

图 2-10　煤矸石层含水量的剖面分布

与之相对应的是煤矸石的块度组成，如图 2-10（b）所示，细颗粒所占质量百分比为 30% 和 50%，柱体剖面各监测断面的含水量有差异，但差异不明显，而当细颗粒所占质量百分比达到 70% 时，煤矸石层剖面含水量分布有显著改善。因为细颗粒煤矸石往往泥岩含量较多或者完全由泥岩构成，当含量达到一定值时，能基本充实较大颗粒煤矸石的中间孔隙，毛细水含量显著增加，且泥岩本身含有较多亲水矿物成分，吸湿的水分较多。

从图 2-10（c）可以看出，泥岩组分变化对煤矸石层水分剖面分布的影响很小，主要是实验设计的三种质量百分比处理均过大，或者说在研究区煤矸石中泥岩含量均相对较高,水分运动受其驱动的表现不突出。

(3)煤矸石性质对水分竖直上移高度的影响

压实度、岩性和块度组成对煤矸石层水分竖直上移高度的影响是存在的,且单因子单个处理的煤矸石层水分竖直上移高度基本上都与时间呈极显著的对数关系变化($P<0.01$)。如图 2-11(a)所示,实验设计的三种容重维度,容重低($1.61g/cm^3$)时的水分竖直上移高度最差,实验最后时间内仅达 10cm 左右,而对应的其他两种容重均接近 20cm,差异是比较明显的。这是因为容重越大,孔隙越小,毛细管越发育,毛细水竖直上移高度越高。

泥岩含量的增加也会提高煤矸石层水分竖直上移的能力,如图 2-11(b)所示,泥岩含量为 70%的实验处理稍差,80%和 90%的处理比较接近。

由图 2-11(c)可知,煤矸石层水分竖直上移高度与块度直径小于 1cm 的颗粒含量关系密切,当其含量较高时(70%),初始水分竖直上移速率较快,且实验的 7d 内水

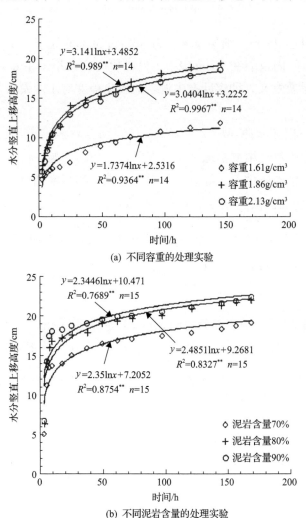

(a) 不同容重的处理实验

(b) 不同泥岩含量的处理实验

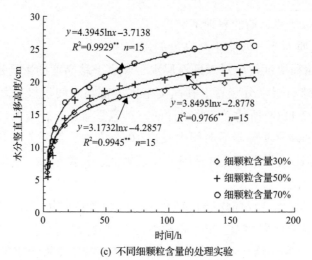

(c) 不同细颗粒含量的处理实验

图 2-11　煤矸石性质与水分竖直上移高度的关系分析

**表示极显著相关，下同

分竖直上移高度可达 25cm。细颗粒含量为 30% 和 50% 的处理，水分竖直上移高度虽然较低，但实验时间内也能在 20cm 以上，说明块度直径小于 1cm 的煤矸石含量对水分竖直运动具有重要意义，即煤矸石中泥岩的风化程度对于蒸发条件下复垦土壤水分运动作用明显。

（4）水分竖直向上运动模型

基于煤矸石性质对充填复垦地水分竖直上移运动的影响，在容重、泥岩含量和细颗粒含量三个变量维度条件下，煤矸石层水分竖直上移高度随时间推移的变化量数据见表 2-7，应用响应曲面法建立数学模型，结果为式（2-4）。

$$H = -80.778 + 0.258T + 61.571D + 0.765M_r - 0.038M_p - 0.0021T^2 - 16.0873D^2 - 0.0045M_r^2$$
$$- 0.00047M_p^2 + 0.0348T \cdot D + 0.0004T \cdot M_p$$

$$(2\text{-}4)$$

式中，H 为毛管水高度（cm）；T 为时间（h）；D 为容重（g/cm³）；M_r 为煤矸石中泥岩的质量百分比（%）；M_p 为煤矸石样品中块度直径小于 1cm 的细颗粒质量百分比（%）。

表 2-7　煤矸石层水分竖直上移高度随时间推移的变化量数据

时间/h	容重/(g/cm³)			泥岩含量/%			细颗粒含量/%		
	1.61	1.86	2.13	70	80	90	30	50	70
2	4.8	6.5	5.8	5.1	6.3	6.8	6	5.3	6.9
48	9	15.2	14.7	16.5	19	19.5	16.9	18.5	20.8
96	10.9	18.1	17.1	17.5	20	20.5	18.6	20.3	24.2

应用模型的计算值为横坐标，实测值为纵坐标，作散点图，并分析相关系数、均方根误差(root mean squared error, RMSE)和模型效率(modeling efficiency, EF)等参数，对模型的计算值和实测值进行对比，结果如图 2-12 所示。

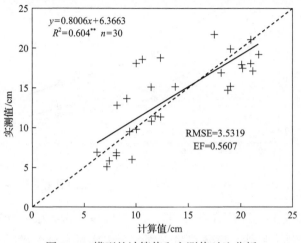

图 2-12　模型的计算值和实测值对比分析

模型的计算值和实测值间的相关系数为 0.777，呈极显著相关($P<0.01$, $n=30$)。均方根误差为 3.5319，数值较小。模型效率为 0.5607，大于 0.5。因此，应用上述模型模拟矿区充填复垦地煤矸石层的水分竖直上移运动是合适的。

2.3　煤矸石导气率性质

2.3.1　煤矸石导气率

煤矸石与土壤在颗粒组成和水力学性质等方面均存在明显差异(蔡毅等，2015)，这将会直接造成两者导气率上的差异(朱敏等，2013)。为研究煤矸石及表土质地对煤矸石重构土壤导气率的影响，必须对不同质地土壤及煤矸石导气率要有所了解。因此，本小节将煤矸石样品(G2)及三种不同质地土壤设置不同初试含水量填充进导气率测定装置的土柱内，对它们的导气率进行测量，其结果如图 2-13 所示。

四种不同质地介质的导气率均随含水量的增加而减小；相同含水量下，煤矸石导气率远大于土壤(图 2-13)。多孔介质的导气率主要取决于介质的总孔隙度及孔隙连通性，尤其是通气孔隙的大小。煤矸石颗粒组成粒径远大于土壤，有利于大孔隙的发育。多孔介质由液、固和气三相组成，水和空气占据介质的孔隙，介质水分的增加必然会占据通气孔隙使通气孔隙减少，从而影响通气状况，导致导气率的下降。在三种不同质地的土壤中，壤土导气率最大，粉黏壤土导气率次之，粉壤土导气率最小，其中壤土导气率明显高于另两类土壤，粉黏壤土和粉壤土的导气率相近。这可能主要是受土

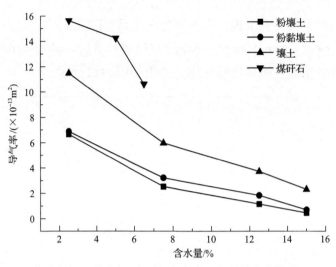

图 2-13　不同质地介质导气率随含水量的变化情况

壤质地的影响，在壤土中砂粒含量占 47.72%，远高于粉黏壤土和粉壤土，一般砂性土具有更佳的通透性。另外，煤矸石与土壤的导气率对水分的敏感度随含水量的变化也不同：土壤导气率对水分的敏感度均随含水量的增加而降低，而煤矸石对水分的敏感度却随含水量的增加而增加。当含水量在 2.5%～7.5%时，粉壤土、粉黏壤土和壤土导气率随含水量变化的斜率分别为−0.827、−0.735 和−1.103；当含水量在 7.5%～15%时，斜率分别为−0.279、−0.368 和−0.509；而煤矸石含水量在 2.5%～5%时的斜率为−0.551，含水量在 5%～6.5%时的斜率为−2.405。可以发现，在含水量较低时，煤矸石导气率对水分的敏感度小于土壤，而随着含水量的增加，煤矸石导气率对水分的敏感度明显增加且远高于土壤。这可能是因为在煤矸石中大孔隙分布相对较多，小孔隙分布较少，而在土壤中孔隙的分布却相反。在多孔介质中，空气总是优先占据较大的孔隙，水则优先占据较小的孔隙，因此导致含水量的变化一开始对煤矸石导气率的影响相对较小，然后明显增加，而在土壤中却恰恰相反。

2.3.2　煤矸石组分对其导气率的影响

为了进一步研究煤矸石充填重构土壤导气过程，分析矸石层对重构土壤导气率的影响及其机理，需要测定不同底部填充基质对重构土壤导气率的影响。因此，称取 1200g 0～6 号煤矸石样品，根据实验设计要求设置不同的初试含水量，填充进土柱中，均匀压实到 10cm。通过导气率测定装置测定不同组分煤矸石导气率，其结果如图 2-14 所示。

在煤矸石中掺杂碎石基本上能提高煤矸石的导气性能，仅在含水量相对较高时掺杂 15%小粒径碎石时导气率下降(图 2-14)，这说明碎石的存在有利于导气率的提升，这可能是碎石增加了煤矸石介质的大孔隙含量。但是，随着煤矸石中碎石质量分数的

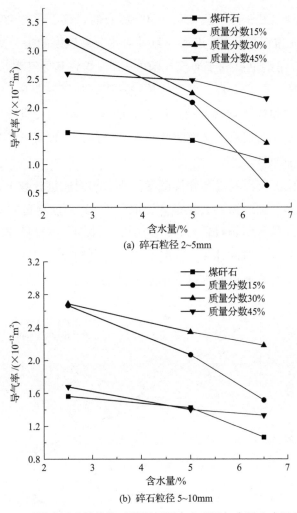

(a) 碎石粒径 2~5mm

(b) 碎石粒径 5~10mm

图 2-14　不同碎石质量分数下煤矸石混合介质导气率随含水量的变化

增加，介质导气率的变化有所不同。掺杂小粒径(2~5mm)碎石，在含水量较低时，质量分数为 30%的导气率最大，45%的导气率最小，导气率随着质量分数先增加后减小；而在含水量较高时，导气率随着质量分数的增加而增加。当小粒径碎石质量分数为 45%时，导气率受含水量变化的影响不明显，含水量增加 5%而导气率仅降低 $0.436 \times 10^{-12} m^2$，其导气率对水分的敏感度远低于质量分数为 15%和 30%时。掺杂大粒径(5~10mm)碎石时，导气率随着质量分数的增加先增加后减小，质量分数为 30%时导气率最高；当质量分数为 45%时，其导气率与煤矸石导气率相近，远低于质量分数为 15%和 30%时，并且此时导气率对水分的敏感度相对最低。

　　这可以说明，碎石在为大孔隙的产生创造条件的同时也会阻碍气体的传输(王卫华等，2012)，尤其是当质量分数为 45%时，并且碎石越大其阻碍作用越明显。这是因为碎石的存在会阻断介质的断面，不仅阻碍气体的通过，也会阻碍水分的入渗

（Beibei et al., 2015）。另外，掺杂15%～30%碎石时，碎石可能会影响煤矸石小孔隙的含量，水分会优先占据小孔隙，进而导致其对水分敏感度的提升。掺杂45%碎石时，碎石质量分数较高，可能更有利于通气孔隙的发育，导致其导气率水分敏感度的降低。但是，由于碎石质量分数在45%时对气体传输的阻碍作用最明显，因此掺杂45%小粒径碎石在低含水量时和掺杂45%大粒径碎石时的导气率最小，但掺杂45%小粒径碎石在高含水量时导气率反而最高，这说明此时大孔隙的发育对导气率的提升较小，碎石的阻碍作用相对更加明显。

同时，碎石粒径也会影响混合介质的导气率。相同质量分数下，掺杂小粒径碎石介质的导气能力总体上大于掺杂大粒径碎石的，仅在碎石质量分数为30%含水量较高时掺杂大粒径碎石的导气率相对较高（图2-15）。这说明，小粒径碎石更有利于提升介质的导气能力，而大粒径碎石对气体传输的阻碍也越明显。因此，在煤矸石中适当地掺杂小粒径碎石可以有效地提升煤矸石的导气能力。

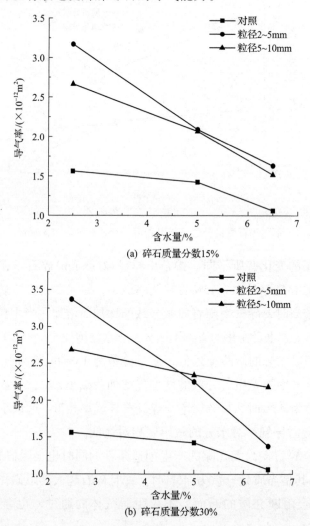

(a) 碎石质量分数15%

(b) 碎石质量分数30%

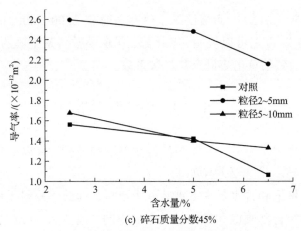

(c) 碎石质量分数45%

图 2-15　不同碎石粒径混合煤矸石导气率随含水量的变化

2.4　煤矸石热扩散系数

利用重构土壤水气热耦合运移室内模拟装置的加热系统对重构土壤进行加热,通过传感器记录重构土壤中土壤和煤矸石的温度变化情况,结果如图 2-16 所示。

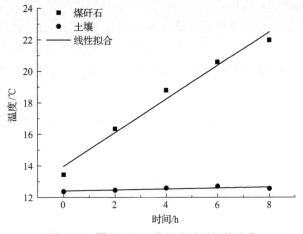

图 2-16　煤矸石和土壤温度随时间的变化

从图 2-16 中可以发现,煤矸石的升温速度明显高于土壤,煤矸石和土壤在单位时间内的温度变化分别为 1.067℃/h 和 0.033℃/h。此时,煤矸石和土壤的温度梯度分别为 16.922℃和 3.056℃,通过计算得出煤矸石和土壤在单位温度梯度下,在单位时间内温度的变化分别为 0.063℃和 0.011℃。土壤热扩散系数是指在 1℃的温度梯度下,1cm^2 土壤断面每秒内温度的变化,因此可以得出煤矸石热扩散系数约是土壤的 5.73 倍。煤矸石是一种灰色岩石,其热容远小于土壤,但导热率却又远高于土壤。通常热扩散系数可以利用导热率除以体积热容量进行计算,煤矸石热容一般在 900~1000J/(kg·℃),

导热率在 1.8～2.4W/(m·K)；而壤质黏土热容一般在 2500～4000J/(kg·℃)，导热率在 0.6～1.2W/(m·K)。以上可以说明，煤矸石热扩散系数约是土壤的 5.73 倍是合理的，所以通过对比就能大致估算出煤矸石热扩散系数。

2.5　本　章　小　结

通过对煤矸石水力学参数、气体和热运动参数的分析，可以发现煤矸石与土壤物理性质存在显著差异，其主要差异如下：

1）煤矸石的质量饱和含水量在 6.90%～16.40%，远低于一般土壤，并且不同碎石粒径和质量分数对混合基质饱和含水量的影响不同。混合 2～5mm 粒径矸石，随着质量分数的增加，饱和含水量逐渐增加；混合 5～10mm 粒径矸石，饱和含水量随着质量分数的增加先增加后减少。煤矸石饱和导水率随着容重的增加明显降低，当容重从 1.8g/cm³ 增加到 2.2g/cm³ 时，煤矸石饱和导水率从 0.249mm/min 下降到 0.017mm/min。另外，VG 模型同样适用于煤矸石，能够很好地拟合煤矸石水力特征曲线。

2）煤矸石是一种灰色岩石，其热容远小于土壤，但导热率却又远高于土壤，其热扩散系数约是土壤层的 5.73 倍。在单位温度梯度下，单位时间内煤矸石与土壤温度变化分别为 0.063℃和 0.011℃。

3）煤矸石导气率远大于土壤，其导气率均随着含水量的增加而降低，但两者导气率对水分的敏感度有所不同。土壤导气率对水分的敏感度随着含水量的增加而降低，而煤矸石对水分的敏感度却随着含水量的增加而增加。煤矸石的组分会影响煤矸石导气率，碎石的存在为大孔隙的产生创造条件的同时也会阻碍气体的传输，并且碎石越大其阻碍作用越明显。另外，适当地掺杂小粒径碎石可以有效地提升煤矸石的导气能力。

第3章　重构土壤含水量、温度与 CO_2 气体浓度剖面变化

3.1　实　验　设　计

3.1.1　重构土壤水气热耦合运移室内模拟系统

(1)实验装置

本节设计了一种重构土壤水气热耦合运移室内模拟系统,通过该系统可以监测煤矸石充填重构土壤剖面水气热变化状况。其主要由以下部分组成,包括土样箱、温度传感器、湿度传感器、加热系统、进气系统、支撑架和计算机,如图3-1所示。加热系统由钢板、薄铜板和热丝构成,将热丝均匀分布在薄铜板上。由于填充土样的质量相对较大,为了防止薄铜板无法承受土样的重量而导致损坏,将其固定在钢板上。加热板上方装有温度传感器,将热丝与温控装置连接,用于控制加热温度。进气系统由进气管和进气渐变管构成,进气管与 CO_2 瓶连接, CO_2 气体通过进气渐变管时可以使其均匀地分布在土样底部。土样箱采用钢板制作,为长60cm、宽60cm、高120cm的矩形箱体。在土样箱底部安置一块加热板,加热板与支撑架通过螺栓固定。从底部开

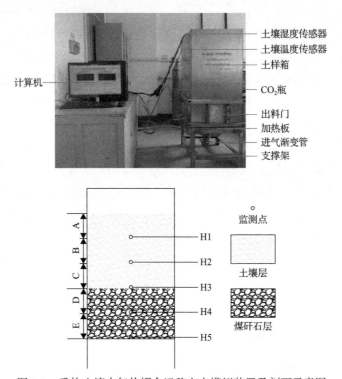

图 3-1　重构土壤水气热耦合运移室内模拟装置及剖面示意图

始在土样箱左右两侧壁上每隔 20cm 留有孔位，便于传感器的安装。在土样箱一侧装有出料门，用于材料的填充与运输，并在土样箱内侧安置 2.5cm 厚的隔热棉用于隔热。进气系统通过螺栓与支撑架连接，支撑架与加热板之间安有垫片，在支撑架上方通过螺栓固定加热板。土样箱放置在加热板上方，支撑架与土样箱和加热板之间用密封泥密封后用螺栓固定。

(2)样品填充

根据煤矸石充填复垦区所测得的实际密度与初始含水量，将煤矸石与土壤样品填充进土样箱内，其中煤矸石层为 40cm，土壤层为 60cm。在填充煤矸石及土壤样品时，边填充样品边安装传感器，传感器通过孔位均匀地安装在土柱内，填充土柱剖面状况及传感器安装位置(H1、H2、H3、H4 和 H5)如图 3-1 所示。

(3)监测方法

监测系统是由土壤温湿度传感器及数据采集器组成的一套完整的高精度自动监测系统，通过与计算机系统连接实时记录剖面含水量及相应温度的变化情况。

土壤温湿度传感器型号为 Hydra(SDI-12)(Steven，USA)，探头尺寸：长 12.4mm，直径 4.2cm；测量范围：温度 –10～65℃；含水量：0～饱和；误差范围：温度 ±0.6℃，含水量 ±3%。数据采集器型号为 CR-1000(Campell，USA)，采集器程序模拟输入通道数量共 16 个。

(4)实验方法

整个实验分 5 个阶段进行。第一阶段，研究重构土壤剖面含水量状况及水分再分布过程。在土柱上方灌溉 60mm 的水，通过湿度传感器监测剖面水分的动态变化。第二阶段，研究重构土壤剖面温度日变化和模拟底部煤矸石放热对重构土壤剖面温度分布的影响。待重构土壤剖面含水量稳定后，通过温度传感器监测重构土壤剖面不同深度土壤温度日变化情况。然后通过底部加热板模拟煤矸石释热过程，设置温度分别为 30℃、40℃、50℃，通过温度传感器监测不同加热温度重构土壤剖面温度变化。第三阶段，研究重构土壤剖面 CO_2 浓度日变化情况及气体扩散规律。当重构土壤温度稳定后，使用泵吸式 CO_2 检测仪每隔 2h 测定一次剖面不同深度土壤的 CO_2 浓度。测定完 CO_2 浓度日变化后，通过 CO_2 气瓶以 3L/h 的速率通气，分别通 0.5h、1h、1.5h，来改变底部初始 CO_2 浓度，同样每隔 2h 测定一次剖面 CO_2 浓度情况。第四阶段，研究煤矸石释热对重构土壤剖面水分运动的影响。在土柱上方灌溉 60mm 的水，设置底部加热板温度为 40℃，通过湿度传感器监测剖面水分动态变化过程。第五阶段，研究煤矸石释热对重构土壤气体扩散的影响。分别设置加热板温度为 30℃、40℃、50℃，每次以 3L/h 的速率通 CO_2 2h，再使用泵吸式 CO_2 检测仪每隔 2h 测定一次剖面不同深度土壤的 CO_2 浓度。

3.1.2　现场重构土壤剖面温度变化

研究区位于安徽省淮南市潘集区——潘一矿生态修复区(图 3-2)，该区域为采煤塌陷生态修复区，修复面积在 52000m² 左右，植被以乔木和灌木为主，修复年限为 10 年。该生态修复区采用煤矸石充填重构的修复工艺，为典型的煤矸石充填重构土壤。充填的煤矸石为低硫煤矸石，矸石硫含量小于 1%，在自然条件下不会氧化释热。由于采用相同的修复工艺，上覆塌陷区剥离表土，所以该区域重构土壤结构相似，表层土壤质地相近，仅在覆土厚度上有所差异。其表层土壤为壤质黏土，pH 在 7.76～8.02，容重在 1.74～1.97g/cm³，粉粒占 37.67%～43.37%。

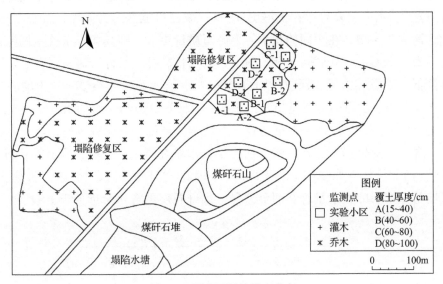

图 3-2　研究区域及样点分布

采样前先用取土钻探测研究区覆土厚度，根据覆土厚度将研究区域分为 4 类（图 3-2），分别为 A（15～40cm）、B（40～60cm）、C（60～80cm）、D（80～100cm），其剖面示意图如图 3-3 所示。在 4 类研究区分别设置 2 个实验小区，实验小区为 20m×20m 的正方形，在每个实验小区内设置 3 个监测点，监测重构土壤剖面温度。

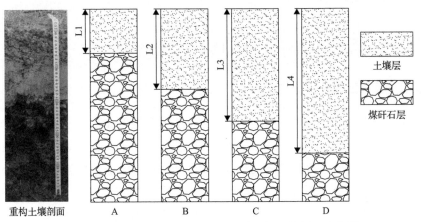

图 3-3　重构土壤剖面及不同覆土厚度重构土壤剖面示意图

L1 层（15～40cm）；L2 层（40～60cm）；L3 层（60～80cm）；L4 层（80～100cm）

3.2　重构土壤剖面含水量及水分再分布

3.2.1　重构土壤剖面含水量分布

　　通过对重构土壤剖面含水量的监测,发现土壤和煤矸石层各层之间含水量存在明显差异(图 3-4)。煤矸石层含水量明显低于土壤层,其含水量比土壤层含水量低 9.11 个百分点左右,水分主要集中在土壤层中。这一方面可能是因为受煤矸石密度的影响,其密度远远大于土壤,在相同体积下,煤矸石质量更大,则其含水量就会偏低;另一方面是因为煤矸石的大孔隙含量相对较高,持水性较差。另外,随着深度的增加含水量逐渐降低,并且在土壤-煤矸石界面(层间界面)含水量发生突变——土壤的含水量显著高于煤矸石。这可能是受基质势的影响,对比煤矸石与土壤的水分特征曲线可以发现:在低吸力段,煤矸石含水量随着吸力的增加降低趋势比较迅速,当吸力增加一定值时,含水量降低趋势非常缓慢,而土壤含水量在整个吸力段均降低得相对平缓;在同一吸力下,土壤含水量明显高于煤矸石。因此,当层间界面水势达到动态平衡时,煤矸石层与土壤层的含水量存在明显差异,煤矸石层的含水量远低于土壤层。

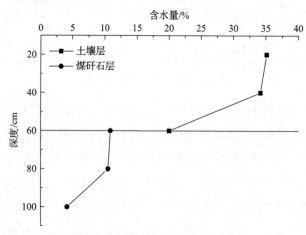

图 3-4　重构土壤剖面含水量分布

3.2.2　重构土壤剖面水分再分布过程

　　为了研究重构土壤剖面水分再分布过程,在填充好的土柱上方灌溉 60mm 的水。同时,在 0~20h 内通过湿度传感器监测重构土壤剖面含水量的动态变化过程。在水流未到达 40cm 深度前,随着时间的推移,20~40cm 深度土壤层含水量不断增加,而且 20cm 深度土壤层含水量基本达到饱和,最高时含水量高达 37.72%(图 3-5)。在没有持续供水的情况下,在 15h 时,由于水分的蒸发,40cm 深度以上的土壤层含水量明显降低。在 0~20h 内,40cm 深度以上土壤层含水量先增加后减少,而 40cm 深度以下土壤层及煤矸石层含水量没有明显变化，并且土壤层的含水量远高于煤矸石层，在 10%左右。基质势作为非饱和土壤水运动过程的主要驱动力，水分总是从基质势大的地方向基质势小的方向运动，最后达到能量的动态平衡。在 0～20h 内，40cm 深度以上土壤层含水量先增加后减少，这主要是因为随着表层土壤水分的蒸发，表层土壤含水量逐渐降低，而 20～40cm 土壤层含水量相对较高，则此时土壤水分主要向上运动，使得表层土壤水分得到补给，从而使得 40cm 深度以下土壤层含水量没有明显变化且 20～40cm 土壤层含水量逐渐降低。另外，可以明显监测到水分在入渗过程中在 40cm 深度有个累积过程。同样地，李毅等（2002）通过研究砂土层对渗透特性的影响，发现砂土中的黄土具有良好的阻水性，这种阻力不仅影响了土壤以上砂层的渗透流动，而且增加了土壤层的持水能力。这主要是受层间孔隙差异的影响，进而影响土壤层与煤矸石层基质势。Al-Maktoumi 等（2015）研究发现，当细颗粒覆盖粗颗粒时，层状土壤的入渗率变小。这主要是层间孔隙差异导致毛管障碍的存在，煤矸石在低含水量时就能达到相对较高的基质势，阻碍水分的入渗。因此，在灌溉或降雨后的短时间内，受煤矸石层的影响，表层土壤的持水能力会得到提升，但是随着表层土壤水分的蒸发，由于煤矸石层本身的含水量偏低且煤矸石层孔隙较大，毛细管作用小，不利于地下水的补给（王曦等，2013），则此时土壤层含水量就会偏低。张轩等（2015）研究发现覆土厚度对表层土壤含水量有显著影响，覆土厚度显著增加，可以提高土壤的保水和蓄水能力。所以，受煤矸石层的影响，特别是覆土厚度较薄的区域，含水量常年会相对偏低。水分作为影响植被生长的重要环境因子（王春红等，2004），会极大地影响植被的生长状况，进而影响矿区生态修复的效果。为了提高矿区生态修复的效果，就必须确保煤矸石充填复垦地表层土壤的水分。因此，可以适当考虑增加覆土厚度或通过少量多次灌溉来保障重构土壤表层土壤的水分。

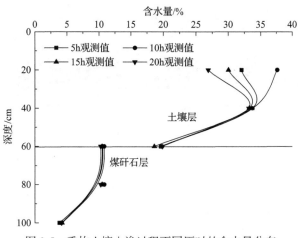

图 3-5　重构土壤入渗过程不同历时的含水量分布

3.3　重构土壤热传递

温度作为重要的土壤环境影响因素，不仅驱动着作物生长、土壤水分运移(辛继红等，2009)、土壤腐殖化和有机质累积(Mackay et al., 1984)，而且会对土壤呼吸产生重大影响(Davidson et al., 2006)。土壤碳库作为全球碳库重要的组成部分，土壤呼吸数量上微小幅度的变化将会对大气中 CO_2 浓度产生相当大的影响，抑制土壤 CO_2 排放对减少大气中温室气体的含量与延缓全球气候变化进程具有重要的作用。因此，对土壤温度的研究具有重要意义，而目前国内外对煤矸石充填重构土壤温度方面的研究还非常欠缺，煤矸石层对重构土壤温度的影响还有待考证。基于此，本节通过重构土壤水气热耦合运移室内模拟装置监测了重构土壤剖面温度日变化，并测定了淮南市某采煤塌陷修复区重构土壤的剖面温度，结合室内与现场数据来分析重构土壤剖面温度变化规律。

3.3.1　室内重构土壤剖面温度日变化

受太阳辐射影响，室内温度一天内先上升后下降，呈单峰曲线(图 3-6)。随着室温的变化，重构土壤剖面温度也随之变化，呈余弦函数变化。在 14:30 左右，室温温度达到最高值；20～100cm 深度土壤层最高温度出现的时间与此基本一致，在 15:00 左右，滞后现象不明显。而 20～100cm 深度土壤层最低温度比表层土壤最低温度滞后 2～3h，存在明显的滞后性。20～100cm 深度土壤层温度与表层土壤温度存在滞后现象(陈继康等，2009)，这主要是由于土壤的热容相对较大，热量在表层向深层扩散需要时间。

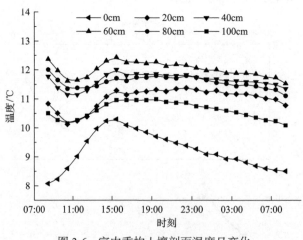

图 3-6　室内重构土壤剖面温度日变化

3.3.2 现场重构土壤剖面温度变化

(1)不同覆土厚度重构土壤温度日变化

重构土壤温度垂直分布规律基本与自然土壤一致。以 7 月为例，在 8:00 时，土壤温度随深度增加先增加后降低，呈过渡型；在 14:00 和 18:00 时，土壤温度随深度增加而降低，呈日射型(图 3-7)。在 8:00~14:00 时，太阳辐射逐渐加强，表层土壤温度逐渐升高，最高值出现在 14:00；而 14:00 到次日 8:00，太阳辐射逐渐削弱，表层土壤温度也随之降低，最低值出现在 8:00。5~20cm 土壤温度变幅相对明显；40~80cm 土壤温度变幅不明显；当深度超过 80cm 后，土壤温度基本保持稳定。这主要是由于随着深度的增加，土壤受太阳辐射和大气温度的影响也逐渐削弱，热通量逐渐衰减，土壤温度也随之稳定。但是不同覆土厚度重构土壤剖面温度表现出了明显差异，尤其是在表层土壤(5~10cm)。表层 5cm 土壤最高温度呈 A>B>D>C，分别为 30.9℃、28.4℃、27.0℃和 26.4℃；最低温度呈 B>A>C=D，分别为 23.9℃、23.8℃、23.5℃和 23.5℃；温度变幅与最高温度表现出相同的规律，呈 A>B>D>C，分别为 7.2℃、4.5℃、3.5℃、2.9℃。这种差异主要是由煤矸石与土壤热性质的差异所致，煤矸石的热容远低于土壤，而热导率与热扩散系数远大于土壤。因此，覆土厚度较薄的研究区

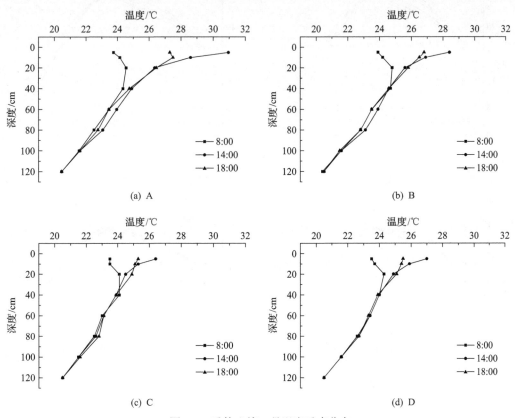

图 3-7　重构土壤 7 月温度垂直分布

A 和 B 表层土壤升降温速率明显高于 C 和 D，使得 A 和 B 在白天能够维持一个较高的温度，即使降温速率较高，经过一夜降温也能保持一个相对较高的温度，同时也表现出了较大的温差变化。当覆土厚度在 15～80cm 时，100cm 深度土壤温度在一天内保持恒定，此时 100cm 为恒温层；而当覆土厚度在 80～100cm 时，恒温层在 80cm，这与一般自然土壤相一致。这说明，当覆土厚度大于 80cm 时，由于土壤热容远大于煤矸石，热量的传递将不能到达煤矸石层，土壤层温度的变化几乎不受煤矸石层的影响；而当覆土厚度小于 80cm 时，煤矸石层将会影响土壤层温度，导致覆土厚度在 15～60cm 时，其恒温层向下推移了近 20cm。因此，当覆土厚度较薄时，受太阳辐射影响，热量向下扩散，煤矸石层温度易受影响，升温剧烈导致温度波动较大。李慧星等(2007)也发现土壤热容量小的干燥土壤温度日变幅远大于热容大的湿润土壤。同时，煤矸石导热率较大，温度容易扩散，昼间表土受热后，热量容易向煤矸石层深层传递，导致恒温层向深层的推移。

（2）不同覆土厚度重构土壤温度年变化规律

重构土壤温度存在着明显的季节变化，呈正弦曲线（图 3-8）。5～20cm 土壤层最

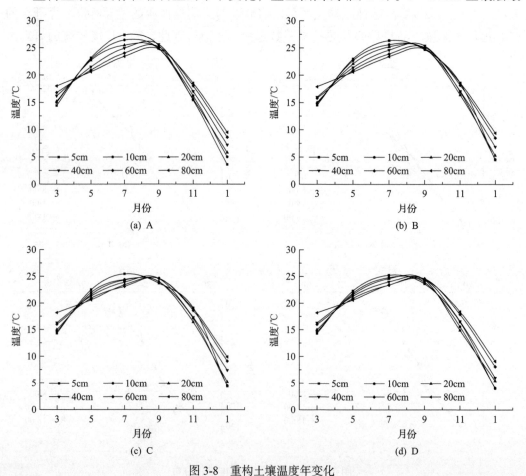

图 3-8　重构土壤温度年变化

高温度现在 7 月，40～80cm 土壤层最高温度相对滞后，各层最低温度均出现在 1 月。5～40cm 浅层土壤温度变化与太阳辐射年变化一致（杨庆朋等，2011），而 60～80cm 土壤温度变化出现明显滞后，说明浅层土壤温度长期变化易受太阳辐射年变化的影响。随着深度的增加，土壤温度年变化曲线逐渐平滑。这是因为太阳辐射先与表层土壤接触，然后热量再通过表层土壤向下传递，随着深度的增加，热传递所需的时间也随之增加，受太阳辐射的影响也相应削弱。在 1 月、3 月、5 月和 7 月土壤温度存在着相对明显的垂直温度梯度，在 7 月和 1 月最为明显。7 月随着深度的增加温度逐渐降低，热量由上往下传递，呈正温度梯度；1 月和 3 月随着深度的增加温度逐渐升高，热量由下往上传递，呈负温度梯度。由于 1～7 月，随着太阳净辐射逐渐增强，土壤开始升温，但在 1～3 月仍然维持负温度梯度，而后土壤温度梯度进入第一个转换期，即垂直土壤温度梯度开始由负转正，此时温度梯度在零附近波动，各层温度基本相同。随后随着太阳辐射的逐渐增强，土壤继续维持正温度梯度。当太阳辐射开始削弱时，此时土壤垂直温度梯度开始由正转负。随着太阳辐射的继续削弱，土壤垂直温度维持负温度梯度，完成一年的土壤温度循环。

　　而在不同覆土厚度重构土壤中，其温度年变化趋势基本一致，仅在温度上有略微差异，总体上呈 A＞B＞D＞C，其中 C 和 D 温度相近。研究区 A、B、C 和 D 表层 5cm 土壤的年平均温度分别为 18.22℃、18.12℃、17.21℃和 17.24℃，随着覆土厚度的增加表层土壤年平均温度有所下降，其中覆土厚度为 15～60cm 的研究区年均温度高于 60～100cm 的研究区 1℃左右。这主要是受到底部煤矸石层的影响，煤矸石热容低，当覆土厚度薄时，受太阳辐射影响的表层土壤会保持较高的温度。温度是影响土壤呼吸最主要的环境因子，随着温度的升高，土壤呼吸将会加强（朱宝文等，2010；方新麟等，2023），土壤呼吸微小幅度的变化也会显著影响大气中 CO_2 浓度（张法伟等，2012）。利用煤矸石充填的塌陷修复区与自然土壤相比常年保持较高的温度，这可能会导致修复区向大气中释放更多的 CO_2，在 CO_2 浓度和土壤温度的相互作用下，可能导致修复区与自然土壤形成鲜明的区域小气候差异。

3.3.3　煤矸石层对重构土壤温度的影响及覆土厚度的估算

　　受底部煤矸石层热性质的影响，重构土壤热性质随覆土厚度的变化而变化，造成重构土壤温度分布的差异性。随着覆土厚度的增加，重构土壤热容相应增加，导致表层土壤升降温速率降低，日最高最低温度有所下降，土壤层温度受煤矸石层的影响也随之削弱；并且当覆土厚度大于 80cm 时，煤矸石层几乎不会影响土壤层温度变化。

　　土壤微生物作为土壤内在的敏感因子，能精确地指示出土壤性质的变化过程和程度，但其活性具有极高的温度敏感性，极易受土壤温度的影响，而重构土壤中这种明显的温度波动必然会对土壤微生物产生影响，进而影响土壤性质的变化。土壤温度作为一个重要的环境因子，不仅对土壤中微生物活动产生影响，而且对土壤各种养分的转化、作物生育、土壤水分蒸发和运动都有重大影响。因此，探究煤矸石层对表层土壤温度变化的影响具有重要意义。当覆土厚度大于 80cm 时，热量的传递将不能到达煤矸石层，因此可以将 0～80cm 重构土壤视为一个整体，由于煤矸石的热容远低于土壤，那么随着覆土厚度的增加其整体热容也会相应增加，当通入相同的热量时，其温度变幅就会相应减小。基于此，土壤温度变幅能够表征重构土壤整体热容的大小以及煤矸石层对表层土壤温度变化的影响。所以，可以定义 T_c 为煤矸石层对表层土壤的温度影响系数，其公式如下：

$$T_c = \frac{\Delta T_i}{\Delta T_s} \tag{3-1}$$

式中，ΔT_i 为理想状况下重构土壤表层土壤(5cm)温度变幅；ΔT_s 为自然土壤表层土壤温度变幅。

　　由于研究区附近缺少合适的自然土壤作为对照组，当覆土厚度大于 80cm 时，表层土壤几乎不受煤矸石层的影响(图 3-8)，因此先以覆土厚度为 80～100cm 的表层土壤温度变幅设为背景值 ΔT_s 进行理论分析。通过计算，不同月份 T_c 值见表 3-1。可以发现，11 月的 T_c 值与其他月份存在明显差异，其他月份 T_c 都存在着较强的规律性，这可能是受到降水量、天气和风速等气象因素的干扰(赵梦凡等，2016)。若不考虑 11 月 T_c 值，以 A 为例，一年中，T_c 值表现为 7 月＞5 月＞3 月＞9 月＞1 月，这是因为不同月份太阳辐射强度不同，通入土壤的热量不同，温度的变化强度也有所不同。不同覆土厚度之间 T_c 值也存在着很大差异，T_c 值总体随着覆土厚度的增加逐渐减小，其中 A 和 B 不同月份的 T_c 值均明显高于 C，A、B、C 的 T_c 值范围分别为 0.96～2.45、1.11～1.47、0.83～1.33。利用 SPSS 对 T_c 值与覆土厚度(H_c)进行相关性分析并建立回归方程(表 3-1)，可以发现 T_c 值与覆土厚度之间存在显著负相关。这说明，煤矸石层对表层土壤温度的影响随着覆土厚度的增加逐渐减小；T_c 值能够准确地反映煤矸石层对表层土壤温度的影响；并且以覆土厚度为 80～100cm 的表层土壤温度变幅为背景值

表 3-1　重构土壤不同月份 T_c 值及其与覆土厚度的回归方程

月份	不同月份重构土壤 T_c 值				回归方程	R^2
	A(15～40cm)	B(40～60cm)	C(60～80cm)	D(80～100cm)		
3	1.52	1.32	1.13	1.00	$T_c=-113.29H_c+200.76$	0.987**
5	1.92	1.30	1.02	1.00	$T_c=-55.03H_c+132.09$	0.836*
7	2.45	1.41	0.83	1.00	$T_c=-31.096H_c+104.23$	0.766*
9	1.61	1.47	1.26	1.00	$T_c=-96.36H_c+188.64$	0.974**
11	0.96	1.22	1.33	1.00	—	—
1	1.31	1.11	1.06	1.00	$T_c=-180.81H_c+262.51$	0.886*

*表示显著相关($P<0.05$)，**表示极显著相关($P<0.01$)

$\Delta T_{\rm s}$的假设是合理的。$T_{\rm c}$值越大，说明重构土壤的热容越小，此时覆土厚度越薄；$T_{\rm c}$值越接近 1，说明煤矸石层的热容与自然土壤越相近，此时覆土越接近 80cm。另外，重构土壤热容主要受覆土厚度的影响，因此根据不同月份研究区的 $T_{\rm c}$ 值回归方程能够较好地对覆土厚度进行估算。

3.4　重构土壤剖面气体运动规律

3.4.1　表土质地及充填基质对重构土壤导气率的影响

土壤导气率作为农业生产应用中的重要参数之一，会对土壤气体的交换过程产生显著影响，进而影响土壤养分和水分的有效性。因此，对导气率的研究具有重要意义，尤其是对重构土壤导气率的研究，可以为提高塌陷区生态修复效果提供理论基础。为此，本小节通过改变表土质地和底部充填基质的组分来研究表土和充填基质对重构土壤导气率的影响。

在底部充填基质不变的情况下，不同表土质地的重构土壤之间导气率有所不同（图 3-9）。在相同含水量时，导气率壤土重构土壤＞粉黏壤土重构土壤＞粉壤土重构土壤，与表土导气率大小相一致。重构土壤导气率随含水量的变化趋势基本与表土保持一致，但两者导气率却有明显差异：重构土壤导气率显著高于表土导气率，而又低于底部充填基质导气率，介于表土导气率与底部充填基质导气率之间。这可能是由于底部充填基质导气率明显大于表土，缩短了气体在充填基质层通过的时间，但当气体通过充填基质继续向上运动时，容易受到表土层的阻碍（王顺等，2017），导致导气率下降，因此底部基质层提高了重构土壤的导气率。这与非均匀土壤剖面的入渗规律不同，对于非均匀土壤，无论粗质土覆盖细质土，还是细质土覆盖粗质土，层状土壤的入渗率均会降低。在含水量较低时，重构土壤导气率增幅相对较大，而在含水量较高

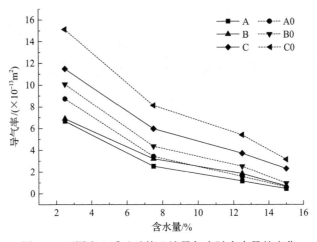

图 3-9　不同表土质地重构土壤导气率随含水量的变化

时，增幅相对较小。这可能是由于含水量较低时，表土导气率相对较高，对气体通过的阻碍作用就越小，底部充填基质对导气率的影响就越大；当含水量较高时，表土导气率相对较低，其阻碍作用就越大，底部充填基质对导气率的影响就越小。另外，重构土壤导气率的变化趋势始终与表土导气率变化趋势保持一致。以上可以说明，表土质地对重构土壤导气率起决定性作用，不仅影响重构土壤导气率随含水量的变化趋势，而且限制了重构土壤的导气率大小，而底部充填基质则会提升土壤重构后的导气率。

在同一表土质地的情况下，不同充填基质重构土壤导气率之间存在明显差异，重构土壤导气率随着充填基质的改变而改变。重构土壤含水量的变化也会影响不同充填基质重构土壤之间导气率的差异(图 3-10)：在含水量较低时，不同充填基质重构土壤之间导气率相差较大；在含水量较高时，不同充填基质重构土壤之间导气率相差较小。这可能是因为随着含水量的增加，重构土壤的充气孔隙被水分占据，导致导气率的降低，进而缩小了不同充填基质重构土壤导气率之间的差异。与表土导气率相比，土壤重构后导气率均有所提高，并且不同充填基质对土壤重构后的导气率影响程度不同且

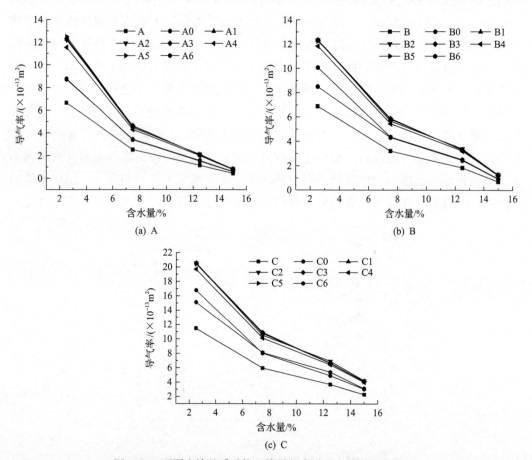

图 3-10　不同充填基质重构土壤导气率随含水量的变化趋势

不受表土质地的影响，其大小均依次为 3＞5＞2＞1＞4＞6＞0。

3.4.2　重构土壤导气率的估算

为了进一步分析底部充填基质对重构土壤导气率的影响，定义底部充填基质对重构土壤导气率影响的系数 S_{ka}，研究不同充填基质对重构土壤的影响程度。

其计算公式如下：

$$S_{ka} = \frac{K_{ar}}{K_a} \tag{3-2}$$

式中，K_{ar} 为重构土壤导气率；K_a 为表土导气率。

通过计算，不同情况下充填基质对重构土壤导气率的影响系数见表 3-2。

表 3-2　底部充填基质对重构土壤导气率的影响系数

表土质地	含水量/%	底部充填基质						
		0	1	2	3	4	5	6
粉壤土	2.5	1.32	1.83	1.84	1.85	1.73	1.89	1.31
	7.5	1.30	1.80	1.83	1.83	1.70	1.87	1.36
	12.5	1.27	1.79	1.80	1.76	1.76	1.85	1.41
	15	1.29	1.78	1.81	1.89	1.74	1.81	1.44
粉黏壤土	2.5	1.37	1.79	1.79	1.79	1.75	1.78	1.46
	7.5	1.34	1.77	1.76	1.83	1.72	1.86	1.32
	12.5	1.38	1.81	1.86	1.77	1.74	1.83	1.35
	15	1.33	1.78	1.85	1.76	1.71	1.82	1.37
壤土	2.5	1.46	1.79	1.80	1.79	1.73	1.82	1.40
	7.5	1.45	1.81	1.82	1.81	1.75	1.84	1.36
	12.5	1.39	1.77	1.87	1.79	1.71	1.79	1.45
	15	1.35	1.88	1.85	1.81	1.75	1.78	1.32

由表 3-2 可以看出，不同充填基质对重构土壤导气率的影响系数不同，但相同基质在不同含水量及表土质地的情况下对重构土壤导气率的影响系数相近。这说明，底部充填基质对导气率的影响系数不受表土质地和表土含水量的影响，而是与充填基质有关。为进一步探讨充填基质间 S_{ka} 差异的原因，对 S_{ka} 与充填基质导气率进行了相关性分析及曲线拟合，其拟合曲线如图 3-11 所示。

可以发现，S_{ka} 与底部充填基质导气率呈显著相关（$P＜0.005$），并且可以通过指数函数进行拟合（$R^2=0.93$）。因此，可以通过该方程对 S_{ka} 进行估算。通过以上对重构土壤导气率的研究，可以发现重构土壤导气率主要由表土和底部充填基质导气率所决定，表土导气率决定重构土壤导气率的基数，底部充填基质导气率决定 S_{ka}。因此，可以通过表土和充填基质的导气率推算出重构土壤的导气率，其计算公式如下：

$$K_{ar} = S_{ka} \times K_a \tag{3-3}$$

$$S_{ka} = -13.17 \times 0.1^{K_{af}} + 1.88, K_{af} \geqslant 1.4 \times 10^{-12}\,\mathrm{m}^2 \tag{3-4}$$

式中，K_{af} 为底部充填基质导气率。

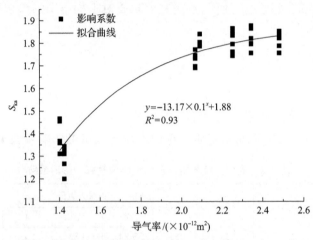

图 3-11　底部充填基质导气率对 S_{ka} 的影响

　　这样只需获得底部充填基质及表土的导气率就能对重构土壤导气率进行估算，简化了重构土壤导气率的计算过程。但是本小节在研究过程中考虑的参数还比较欠缺，未考虑表土覆土厚度及底部充填基质厚度等因素的影响，因此该计算方程还存在许多不足需要完善，有待进一步研究。

3.4.3　重构土壤剖面 CO_2 浓度日变化

　　重构土壤不同深度 CO_2 浓度均呈先上升后降低的趋势，其变化规律基本一致并且与土壤温度日变化曲线相似(图 3-12)。10:00～13:00 CO_2 浓度逐渐上升，14:00～22:00逐渐降低，最高值出现在 13:00～14:00。这主要是因为温度会影响土壤微生物的活动，随着温度的变化而变化。另外，土壤层 CO_2 浓度明显高于煤矸石层，其波动幅度也明显大于煤矸石层。其中，土壤层(H1 和 H2) CO_2 浓度日变化幅度分别为 0.098%和0.079%，煤矸石层(H3、H4 和 H5) CO_2 浓度变化范围在 0.022%～0.044%。这可以说明，土壤层微生物的活性明显高于煤矸石层，从而导致土壤层 CO_2 浓度明显高于煤矸石层，且随温度的变幅也相对较大。这可能是煤矸石层的有机质含量偏低且其环境不利于微生物的生长，导致微生物的活性较低且含量较少。一般扰动土壤土层受到松动，其有效孔隙增加，进而促进大气与土壤间的空气流通，不同深度土壤层间 CO_2 浓度的变幅不会相差太大。而重构土壤层间界面 CO_2 浓度却明显低于土壤层(H1 和 H2)，这说明邻近土壤层受煤矸石层的影响，不利于微生物的生存及生物量碳的累积。表层土壤(0～20cm)扰动后结构疏松，孔隙相对较多，这有利于表层土壤与大气之间空气的流通。在充填过程中，下层土壤会受到上层土壤的压实作用，经过压实后，下层土壤容重会相对偏高，孔隙相对较少，不利于土壤层之间空气的流通。这使得 H1 层与大气间的空气交换作用相对较强，而 H2 与 H1 间的空气流通相对较弱。所以，在 10:00～16:00，随着温度的升高，土壤微生物活动加强，通过呼吸作用产生的 CO_2 在 H2 层逐渐累积，使得此时 H2 层 CO_2 浓度高于 H1 层；在 16:00～23:00，土壤微生物活性随着土壤温度的降低而降低，H2 层 CO_2 浓度开始降低，而 H1 层与大气间的空气流通相对紧密，易受空气 CO_2 浓度的影响，其 CO_2 浓度逐渐高于 H2 层。因此，在整个过程中，H1 层 CO_2 浓度变化相对平缓。在煤矸石层中，CO_2 浓度随着深度的增加逐渐降低，这主要是受煤矸石层含水量的影响，因煤矸石层中随着深度的增加其含水量逐渐降低。土壤水分不仅会影响土壤微生物的呼吸作用，而且会占据土壤的孔隙，从而导致含水量偏低，煤矸石层的 CO_2 浓度偏低。

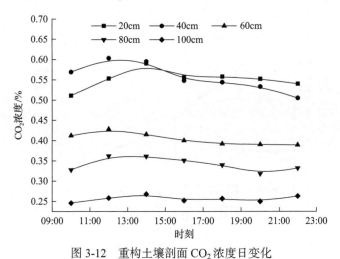

图 3-12　重构土壤剖面 CO_2 浓度日变化

3.4.4　通气对重构土壤剖面 CO_2 浓度的影响

为了研究重构土壤气体扩散规律，通过改变通气时长来改变重构土壤剖面 CO_2 浓度，其结果如图 3-13 所示。不同通气时长下，煤矸石层及层间界面 CO_2 浓度的变化趋势基本一致，H3 层 CO_2 浓度缓慢上升，H4 层 CO_2 浓度先升高后降低，H5 层 CO_2 浓度快速下降。当通气刚完成时，底部气体浓度较大，H5 层与 H4 层之间存在较大浓度差，气体会由高浓度区向低浓度区扩散，其扩散速率也会受浓度差影响。所以，H5 层的 CO_2 会快速向 H4 层扩散，H5 层 CO_2 浓度逐渐降低，而 H4 层 CO_2 浓度逐渐升高，并出现浓度峰，CO_2 在 H4 层经历了一个缓慢的累积过程后逐渐下降。当 H4 层 CO_2 浓度达到最大值时，H5 层与 H4 层间的浓度差较 H4 层与 H3 之间小，此时 H5 层 CO_2 向 H4 层的气体扩散速率比 H4 层向上层的扩散速率小，H4 层 CO_2 浓度也开始下降，H3 层 CO_2 浓度虽然没有一个明显的上升趋势，但出现了累积现象，其浓度明

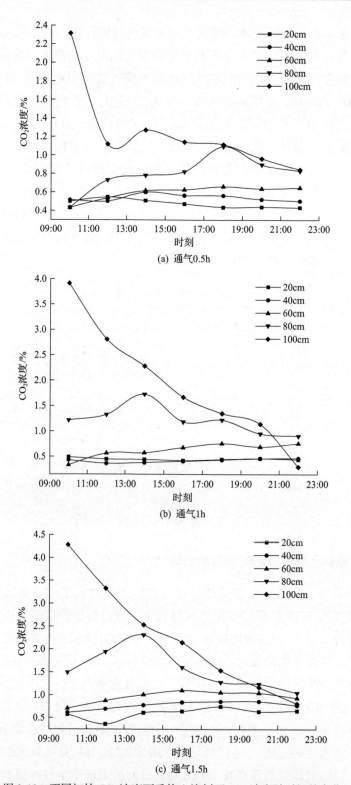

(a) 通气0.5h

(b) 通气1h

(c) 通气1.5h

图 3-13　不同初始 CO_2 浓度下重构土壤剖面 CO_2 浓度随时间的变化

显高于 H1 层和 H2 层。综上，可以发现气体扩散到 H4 层后有一个受阻过程，导致气体在 E 层（80~100cm）累积，其过程与水分入渗过程相似，气体在重构土壤扩散过程中表现出明显的滞后性，并且气体在层间界面有累积的趋势。这可能是受层间孔隙差异及煤矸石导气率的影响。首先，可能层间孔隙差异的存在，使气体扩散到 H4 层受阻，其机理与层状土壤水分入渗相似。其次，在对煤矸石导气率及层状土壤导气率的研究过程中发现，煤矸石导气率远高于土壤，并且重构土壤导气率主要受上层土壤导气率的限制。因此，气体更容易在煤矸石层中扩散，当气体扩散至土壤层下界面时，扩散受到限制，CO_2 气体开始累积。

3.5　重构土壤水气运移模拟

3.5.1　非饱和土壤水分运动方程

1856 年，达西（Darcy）在测定砂柱的渗透实验中发现通过土壤的水流通量与土壤水势梯度成正比，即达西定律：

$$J_w = -K_s \frac{\Delta \psi}{\Delta L} \tag{3-5}$$

式中，K_s 为饱和导水率（cm/min）；L 为水流的水平路径长度（cm）；ψ 为总压力水头（cm）；$\Delta \psi$ 为渗流起点与终点间的总水头差值（cm）；$\Delta \psi / \Delta L$ 为水力梯度。达西定律不仅适用于均质土壤，而且还适用于非均质土壤，只需将达西定律表示为微分形式，如下：

$$J_w = -K_s \frac{\Delta \psi}{dL} \tag{3-6}$$

1931 年，理查兹（Richards）将达西定律用于非饱和包气带水分运移中，建立如下表达式：

$$\frac{\partial \theta}{\partial t} = \frac{\partial}{\partial x}\left[K(h)\frac{\partial h}{\partial x}\right] + \frac{\partial}{\partial x}\left[K(h)\frac{\partial h}{\partial x} + K(z)\right] \tag{3-7}$$

式中，θ 为土壤体积含水率（cm^3/cm^3）；h 为压力水头（cm）；t 为时间（min）；K 为非饱和土壤导水率（cm/min）；z 为垂直坐标，向上为正（cm）；x 为水平坐标，向右为正（cm）。

3.5.2　模型参数

重构土壤水流模型采用 VG 模型，选择无滞后效应，通过反向求解获得非饱和导水率参数。样品水分特征参数 α、n、饱和含水量（θ_s）及残余含水量（θ_r）均与土壤质地有关，通过 VG 模型拟合土壤含水量与水势的关系进行逆向求解，获得主要特征参数值如表 3-3 所示。

表 3-3　样品水分特征参数

样品	参数					
	θ_s/(cm³/cm³)	θ_r/(cm³/cm³)	α	n	K_s/(cm³/s)	L
土壤	0.450	0.067	0.020	1.410	0.45	0.5
煤矸石	0.164	0.074	2.65	1.381	8.616	0.5

3.5.3　重构土壤剖面含水量模拟

根据煤矸石和土壤物理性质测试结果，土壤水分运动参数的初始值采用水力模型 VG 计算确定，滞后作用可不考虑。利用 Hydrus-1D 软件模拟值与室内模拟装置监测值进行对比，结果如图 3-14 所示。

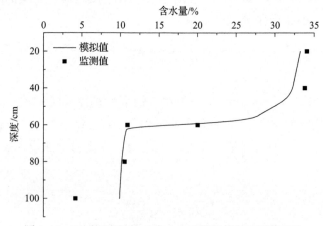

图 3-14　不同深度重构土壤含水量模拟值与监测值对比

对比不同深度重构土壤含水量的模拟值和监测值，可以发现 Hydrus-1D 软件能够较好地模拟重构土壤剖面的含水量状况，仅在 100cm 深度时两者相差较大。60cm 深度含水量的监测值为 4.17%，而模拟值为 9.94%，明显高于监测值。这可能是受底部加热板的影响，在加热过后，底部近加热板位置水分易流失，从而导致含水量的监测值比模拟值偏低，而利用 Hydrus-1D 软件对重构土壤剖面含水量进行拟合时，其输入水头是相对连续的。

3.5.4　重构土壤剖面水分再分布过程模拟

煤矸石充填重构土壤水分运动实质上可以概化为特殊的层状土壤水分入渗问题，但其与均质土壤水分入渗有所不同，其层间孔隙差异明显。这里仍然应用 Richards 方程来描述此类重构土壤水分入渗问题，分析现有的土壤水分运动方程是否适用于煤矸石充填重构土壤。通过 Hydrus-1D 软件设置 60mm 的灌溉量，模拟重构土壤水分入渗过程，记录灌溉后 5h、10h、15h 和 20h 不同深度的含水量，其结果如图 3-15 所示。由图可知，在重构土壤实际水分入渗过程与模拟过程中，既存在共性又存在差异性：共性是水分的入渗过程均受到煤矸石层的阻碍；差异性是实际水入渗过程表现出了明显的滞后性。当水分入渗到 20～40cm 深度时，模拟过程水分已经入渗到 40～60cm 深度。因此，在土壤层中 0～35cm 深度，在 10h 时监测值含水量高于模拟值，而其余时间监测值均低于模拟值；35～45cm 深度监测值均高于模拟值；而 45～60cm 深度监测值远低于模拟值。这可能是由于煤矸石层对水分入渗的阻碍作用远大于模拟值，当细质土覆盖粗质土，湿润锋穿过层间界面时，水分会滞留在层间界面，并且煤矸石充填重构土壤层间孔隙差异性较大，增强了水分在层面界面的滞留，使得现有的水分运动方程不能很好地描述层状土壤的水分入渗和再分布问题。

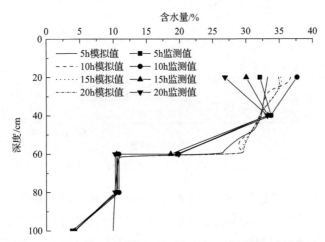

图 3-15 不同深度重构土壤水分再分布过程模拟值与监测值对比

目前，现有的水分运动方程已不能很好地描述重构土壤的水分入渗问题，而其最主要的原因是重构土壤层间孔隙差异所导致的水分运动的滞后性，那么能否通过对重构土壤层间孔隙差异对水分运动过程影响的进一步研究，修正现有的水分运动方程值得进一步探讨。

3.6 底部供热对重构土壤水气热运移的影响

3.6.1 底部供热对重构土壤剖面温度的影响

通过设置加热板温度来模拟煤矸石层释热过程，以分析煤矸石层持续放热对土柱温度的影响。当加热板温度为 30℃时，随着加热时间(0～45h)的增加，土柱剖面的温度逐渐升高，逐渐达到稳定温度(图 3-16)。不同深度(20cm、40cm、60cm、80cm 和 100cm)不同时间土壤层温度变化均有所不同：越靠近加热板，在开始阶段温度升高越快，而后温度变化逐渐平缓，温度稳定所需的时间越短。通过对煤矸石热扩散率的测定，已知其热扩散率明显大于土壤，因此在加热 6h 后，H5 层和 H4 层温度迅速升高，但土壤层却无明显变化。在整个加热过程中，H1～H5 层温度分别升高了 2.06℃、2.33℃、4.04℃、7.99℃和 13.47℃，煤矸石层温度明显高于土壤层。在煤矸石氧化释热的过程中，煤矸石层与表土层存在明显的温差，温度会影响土壤吸力，引起土壤内部能量的改变，驱动水分及气体的运动。因此，需要对重构土壤剖面稳态温度梯度做进一步探讨。

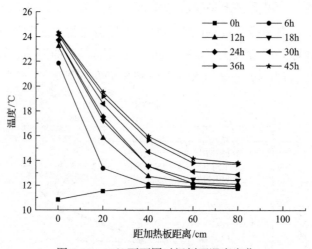

图 3-16　30℃下不同时间剖面温度变化

　　另外，当煤矸石中黄铁矿（FeS_2）含量不同时，其氧化剧烈程度也会有所不同，会影响释热的过程。因此，通过改变加热板的温度来模拟煤矸石氧化的剧烈程度，分析不同氧化程度对重构土壤温度的影响。加热温度的改变对重构土壤温度有着显著的影响，随着加热温度（30～50℃）的升高，土壤层与煤矸石层的温差越明显（图 3-17）。

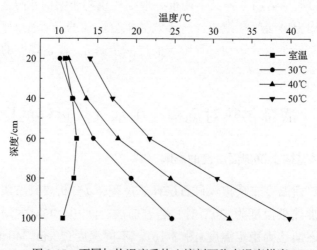

图 3-17　不同加热温度重构土壤剖面稳态温度梯度

当加热温度在 30℃时，40cm 深度以上土壤层主要受气温影响，温度变化不明显；当加热温度在 40℃时，40cm 深度温度开始受底部加热影响，但 20cm 深度以上土壤层温度依旧没有明显变化；当加热温度在 50℃时，整个重构土壤剖面温度开始受到底部加热影响。此外，重构土壤内部有明显的温度梯度存在，但煤矸石层与土壤层之间不同，煤矸石层的温度梯度明显较高。随着加热温度的升高，煤矸石层的温度梯度从 0.25℃/cm 增加到 0.45℃/cm，而土壤层的温度梯度仅从 0.11℃/cm 增加到 0.19℃/cm。煤矸石层的温度梯度是相对一致的，而在土壤层中，C 层的温度梯度高于 B 层。这可能是由于 B 层土壤含水量远高于 C 层，含水量的增加会提高土壤层的热容，使得温度保持相对稳定，温度梯度较小。

综上，煤矸石氧化放热会使重构土壤内部形成稳定的温度梯度，并且当煤矸石剧烈氧化时，矸石层释放的热量还会影响表层土壤的温度。温度作为重要的土壤环境影响因子，不仅驱动着作物生长、土壤水分运移、土壤腐殖化和有机质累积，而且会对土壤呼吸产生重大影响。土壤呼吸与土壤温度呈显著正相关，土壤温度的升高会导致土壤呼吸速率的增加（夏自强，2001）。土壤碳库作为全球碳库的重要组成部分，土壤呼吸数量上微小幅度的变化将会对大气中 CO_2 浓度产生相当大的影响，抑制土壤 CO_2 排放对减少大气中温室气体含量与延缓全球气候变化进程具有重要的作用。另外，温度是土壤水分运移的主要驱动力，重构土壤内部温度梯度的存在将会进一步影响重构土壤水分在剖面的运动（Luikov, 1975）。

3.6.2　温度梯度对重构土壤水分运动的影响

由图 3-18 可知，在温度梯度的作用下，重构土壤水分由底部向上迁移，H5 层含水量显著下降（0.142%/h），而其他层含水量明显增加（H1～H4 层分别为 0.039%/h、0.052%/h、0.057%/h 和 0.040%/h）。这主要是受温度影响，导致重构土壤内部基质势的改变，在基质势的作用下，水分将从温度较高的区域向温度较低的区域迁移（Wang et al., 2010）。另外，H2 层和 H3 层的含水量增加速率与 H1 层和 H2 层相比，相对较高。这可能是受层间界面的影响，因为煤矸石层的温度梯度高于土壤层，导致水分在煤矸石中迁移的速度相对较快，同时这也是 H5 层中含水量明显下降的原因；另外，煤矸石含有较多充气孔隙，更有利于水汽的迁移（Bittelli et al., 2008），当水汽遇到温度相对较低的土壤层时，水汽容易液化，导致水分在 H3 层累积。虽然 H2 层和 H3 层含水量的增速相近，但其原因却不相同：H2 层是因为受到 H3 层含水量增加的影响，随着 H3 层含水量的增加，其基质势也随之升高，促使水分向 H2 层迁移。综上，可以说明重构土壤内部温度梯度的存在会导致重构土壤内部水分向上迁移并且容易在层间界面累积。在这个过程中可能会伴随着煤矸石层污染物的迁移，导致污染物在层间界面累积并影响土壤层。

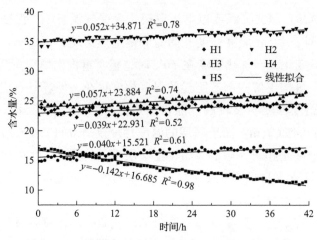

图 3-18　温度梯度下重构土壤剖面含水量的动态变化

通过对重构土壤水分运动的研究，可以发现不管是在水分入渗还是在温度梯度作用下水分向上迁移过程中，受层间孔隙差异的影响，水分易在层间界面累积。土壤水分作为污染物迁移的重要媒介，其运动过程会对污染物迁移过程产生重要影响，所以水分在层间界面的累积必然会伴随着污染物的累积。因此，层间界面在预报及调控污染物的迁移方面具有重要意义。

3.6.3　温度梯度对重构土壤气体运动的影响

与不加热只通气条件下相比，温度梯度的存在明显改变了气体在重构土壤中的运动过程(图 3-19)。在相同的通气条件下，温度梯度存在时气体向上运动的速度更快，在 H4 层监测到浓度峰的时间更短，并且其浓度峰值明显高于未加热时。另外，温度梯度的差异也会对气体运动产生影响。当底部加热温度为 30℃时，H4 层的 CO_2 浓度峰为 2.58%，且层间界面 CO_2 累积效应不明显；而当加热温度大于 40℃时，H4 层的 CO_2 浓度峰均高于 4.99%，并在层间界面发现了明显的气体累积效应，且加热温度越高累积效应越明显。这主要是受两者导气率差异的影响，煤矸石大孔隙发育良好，气体会优先通过大孔隙(Fujikawa et al., 2005)，使得煤矸石层的气体扩散系数明显高于土壤层。在土壤层的阻碍作用下，气体容易在 H4 层及层间界面累积，导致土壤层 CO_2 浓度没有明显的波动。当煤矸石中黄铁矿(FeS_2)含量较高时，煤矸石层的大孔隙结构有利于黄铁矿与空气和水接触，在微生物的催化作用下，会释放多种酸性气体，当酸性气体在 H4 层及层间界面累积时则会导致重构土壤内部局部酸化(王伟等，2008)，这就会影响重构土壤的修复效果。

通过对重构土壤气体运动过程的研究，可以发现气体重构土壤运动过程中也存在明显的滞后性，其主要原因是表层土壤的阻碍作用，导致气体在层间界面下累积，影响现有气体运动方程对重构土壤气体运动的描述。

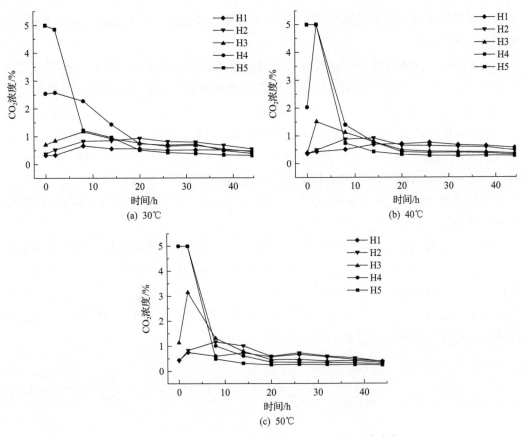

图 3-19　温度梯度下重构土壤剖面 CO_2 浓度动态变化

3.7　本 章 小 结

1) 在煤矸石充填重构土壤中，煤矸石层含水量远低于土壤层。另外，煤矸石层会阻碍土壤层水分的入渗，增加土壤层的持水能力。但是，由于煤矸石含水量低且不利于地下水水分的上移，在水分蒸发过程中，煤矸石层无法补给表层土壤的水分，此时重构土壤表层土壤含水量会相对偏低。那么，就需要通过多次灌溉或增加覆土厚度来保证表层土壤的含水量。

2) 煤矸石层的存在会影响重构土壤温度的传递过程，并且煤矸石层对土壤层温度的影响会随着覆土厚度的增加而逐渐减小，表层土壤温度变幅也会逐渐减小。通过分析覆土厚度与表层土壤温度间的定量关系，提出了煤矸石层对表层土壤的温度影响系数 (T_c) 计算公式，通过验证，该系数能够较好地定量分析煤矸石层对土壤层温度的影响并估算重构土壤的覆土厚度。

3) 重构土壤导气率由表土和充填基质导气率共同决定，通过对表土、充填基质和重构土壤三者导气率间的分析，建立了重构土壤导气率的土壤转换函数。CO_2 在重构土壤中扩散时表现出了明显的滞后性，会受到土壤层的阻碍，导致 CO_2 气体在煤矸石层及层间界面累积。

4）Hydrus-1D 能够较好地模拟重构土壤剖面的含水量状况，仅在 100cm 深度时两者相差较大。由于煤矸石充填重构土壤层间间隙的影响，在水分入渗监测与模拟过程中，水分入渗过程均受到了煤矸石层的阻碍，但实际水入渗过程表现出了明显的滞后性。这导致现有的水分运动方程已不能很好地描述层状土壤的水分入渗和再分布问题。

5）底部加热板温度对重构土壤温度有着显著的影响，随着加热温度（30～50℃）的升高，土壤层与煤矸石层的温差及剖面温度梯度越明显。在这个过程中，煤矸石层的温度梯度从 0.25℃/cm 增加到 0.45℃/cm，而土壤层的温度梯度仅从 0.11℃/cm 增加到 0.19℃/cm。

6）温度梯度的存在，会导致煤矸石层的水分向上迁移，使得水分在层间界面累积并影响水分向土壤层运动。但是气体的运动规律与水分的运动有所不同，受土壤层的阻碍作用，气体容易在层间界面及下方累积，而不会影响土壤层。因此，在利用煤矸石尤其是高硫煤矸石进行充填重构土壤时，特别需要注意煤矸石层污染物向土壤层的迁移以及酸性气体在层间界面的累积。

第4章 重构土壤有机碳及其活性组分分布与变化

4.1 有机碳及其活性组分的空间分布特征

4.1.1 研究区概况与实验方法

(1)研究区概况

研究区位于安徽省淮南市潘集区,地处淮北平原南缘,属暖温带季风气候。年平均温度14.3~16℃,降雨量937mm,相对湿度76%,日照时数2279h,无霜期224d。实验小区隶属某采煤沉陷区治理与生态修复类公司,是在采煤沉陷积水区域用煤矸石作为垫底基质充填复垦而成的。实验小区呈高台状,即中间平台高,四周为缓坡地,面积为1.55hm²,复垦时间3年(图4-1)。复垦后即种植冬小麦,2013年10月后改为人工草地。复垦初期,煤矸石中全碳含量为(127.3±43.09)g/kg。上覆土壤来源于沉陷区,为潮土,土壤有机碳含量平均为2.46g/kg,土壤黏粒含量为32.25%~39.61%(筛分+比重计法)。

(a) 中央水平高台   (b) 四周缓坡地

图4-1 研究区地形和植被现状图

(2)土壤样品采集

因覆土时为机械工程作业,表土厚度不均匀。采样前用取土钻探测复垦地覆土厚度,将实验小区按照表土厚度分为4种不同的采样小区,分别为>100cm(A)、60~100cm(B)、40~60cm(C)、20~40cm(D)(图4-2)。每种覆土厚度的采样小区布设4个采样点,采样方法为土壤剖面法,分别采集0~5cm和35~40cm的土壤样品(由于D采样小区的4个采样点表土厚度均在30cm左右,故35~40cm层的样品均为煤矸石)。采样过程分两步:第一步,用环刀(高5cm,内径5cm)每层采集3个重复样,带回实验室分析土壤含水量和容重；第二步，采集每层混合样品各 2kg，装入聚乙烯袋中带回实验室，4℃冷藏备用。采样时间为 2014 年 10 月。

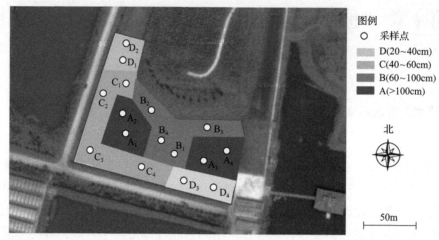

图 4-2　实验小区与采样点

（3）实验与数据处理方法

土壤有机碳采用重铬酸钾容量法-外加热法测定（鲁如坤，2000）。土壤微生物生物量碳应用氯仿熏蒸-K_2SO_4 浸，浸提液中有机碳浓度用重铬酸钾容量法测定（鲁如坤，2000）。土壤可溶性有机碳的测定方法为：称（20±0.01）g（干土重）新鲜土样放入盛有100mL 去离子水的三角瓶中，常温下振荡浸提 30min，用高速离心机以 9000r/min 离心 10min，上清液过 0.45μm 滤膜，用 TOC 仪测定浸提液中有机碳浓度（万忠梅等，2009）。

土壤 pH 测定应用电位法（水土比为 2.5∶1）。含水量和容重采用环刀法，105℃烘干 8h 后，称重计算（张甘霖等，2012）。采样小区 D 剖面煤矸石层的含水量用铝盒采样，105℃烘干 8h 后称重计算。容重的测定应用挖坑法，坑内煤矸石带回实验室烘干称重（M，g），坑内壁隔保鲜膜，倒入纯净水至液面与坑边缘齐整，用量筒量水的体积近似作为煤矸石体积（V，cm^3），则煤矸石层的容重 BD=M/V。

数据处理过程中，应用 SPSS 18.0 软件进行数据统计分析、单因素方差分析和差异显著性检验（$P < 0.05$）。应用 Microsoft Office Excel 2007 进行数据整理和作图。

4.1.2　重构土壤主要理化性质

研究区煤矸石充填重构土壤 pH 在 7.24～7.59，呈弱碱性（表 4-1）。四类采样小区0～5cm 土壤的 pH 均低于 35～40cm 土壤，但大都差异不显著。其中 B 采样小区的 0～5cm 土壤 pH 显著低于（$P < 0.05$）其他采样小区各层土壤。而 D 采样小区的煤矸石 pH均值达 8.73，显著高于上覆土壤，煤矸石层对上覆土壤 pH 变化存在一定的影响。A、B 和 C 三类采样小区中土壤含水量的分布存在 0～5cm 显著低于 35～40cm 的现象，

而且覆土厚度越薄，同层位的土壤含水量越高。尤其是 C 采样小区的 35～40cm 土壤和 D 采样小区的 0～5cm 土壤，含水量均值分别为 0.353cm³/cm³、0.319cm³/cm³，均显著高于其他采样小区的同层位土壤（P＜0.05）。煤矸石层因特殊的孔隙结构，含水量较低，平均为 0.239cm³/cm³。土壤容重为 1.30～1.43g/cm³，不同覆土厚度采样小区之间不存在显著差异。当然，煤矸石的容重显著高于土壤层，平均达 2.13g/cm³。

表 4-1　土壤样品的 pH、含水量和容重数据

采样小区	土层	pH		含水量		容重	
		数值	变异系数 CV/%	数值 /(cm³/cm³)	变异系数 CV/%	数值 /(g/cm³)	变异系数 CV/%
A（＞100cm）	0～5cm	7.45a	1.91	0.225a	6.22	1.34ab	7.05
	35～40cm	7.48a	1.38	0.308b	8.16	1.38ab	6.18
B（60～100cm）	0～5cm	7.24b	0.81	0.263a	9.51	1.38ab	9.17
	35～40cm	7.42a	2.50	0.312b	5.78	1.33ab	3.26
C（40～60cm）	0～5cm	7.39a	1.83	0.260ab	16.1	1.41ab	10.2
	35～40cm	7.59a	0.94	0.353c	5.82	1.43a	3.75
D（20～40cm）	0～5cm	7.30ab	1.11	0.319bc	12.0	1.30b	2.29
	35～40cm 煤矸石	8.73c	1.97	0.239a	5.64	2.13c	7.25

注：a、b、c 是指差异性是否显著，下同

4.1.3　土壤有机碳分布特征

研究区土壤有机碳含量为 0.46～8.38g/kg，与复垦初始土壤相比，有一定程度的增加。同时，0～5cm 土壤层的有机碳含量平均为 2.94g/kg，显著高于 35～40cm 土壤层（1.55g/kg）。从 0～5cm 土壤层来看，B、C 采样小区土壤有机碳含量无显著区别［图4-3（a）］，而 A 采样小区的土壤有机碳含量显著高于 B、C 采样小区，D 采样小区的土壤有机碳含量又显著低于 B、C 采样小区（P＜0.05）。这说明，覆土厚度对土壤有机碳的累积起着非常重要的作用，覆土 100cm 以上，土壤有机碳含量是覆土 20～40cm

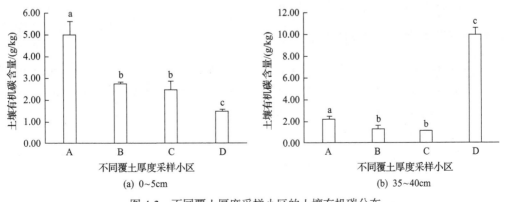

图 4-3　不同覆土厚度采样小区的土壤有机碳分布

的近 3 倍。同样分布特征在 35~40cm 土壤层也存在，A 采样小区土壤有机碳含量显著高于 B、C 采样小区[图 4-3(b)]。所不同的是，D 采样小区底部煤矸石中土壤有机碳含量很高，平均达 10.00g/kg，显著高于所有采样小区的上覆土壤层。因此，对于煤矸石充填复垦地的上覆土壤层来说，覆土厚度越薄，同层位的土壤有机碳含量越低，同一剖面土壤有机碳含量随深度增加而递减。

4.1.4　土壤微生物生物量碳分布特征

实验小区 0~5cm 土壤层微生物生物量碳含量平均为 46.09mg/kg，略高于 35~40cm 土壤层(45.20mg/kg)，两者之间无显著差异。从不同覆土厚度采样小区实验结果对比来看，B、C 采样小区 0~5cm 土壤层微生物生物量碳含量相对较高，而 D 采样小区最低，虽与 A 采样小区无显著差异，但显著低于 B、C 采样小区[图 4-4(a)]。这说明，覆土厚度过薄或过厚，均不利于煤矸石充填复垦区表层土壤(0~5cm)中微生物生物量碳的积累。而在 35~40cm 土壤层，随着覆土厚度的增加，土壤微生物生物量碳含量也逐渐增加，A、B 和 C 采样小区间无显著差异，但 D 采样小区与 A、C 采样小区之间存在显著差异[图 4-4(b)]，这主要是因为 D 采样小区的煤矸石层 pH 较高，微生物活动受到抑制。

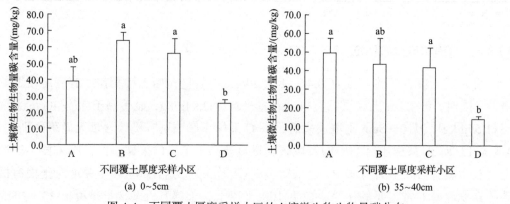

图 4-4　不同覆土厚度采样小区的土壤微生物生物量碳分布

4.1.5　土壤可溶性有机碳分布特征

实验小区 0~5cm 土壤层可溶性有机碳含量平均为 46.86mg/kg，35~40cm 土壤层为 37.43mg/kg，两者之间存在显著差异。与土壤微生物生物量碳相比，0~5cm 土壤层可溶性有机碳含量略高，而 35~40cm 土壤层显著偏低。B、C 采样小区之间 0~5cm 土壤层可溶性有机碳含量存在显著差异，而 B 采样小区和 A、D 采样小区之间，C 采样小区和 A、D 采样小区之间，均无显著差异[图 4-5(a)]，尽管 D 采样小区的土壤可溶性有机碳含量均值达 64.80mg/kg，高于其他 3 类采样小区。

另外，A、C 采样小区之间 35~40cm 土壤层可溶性有机碳含量无显著差异，但

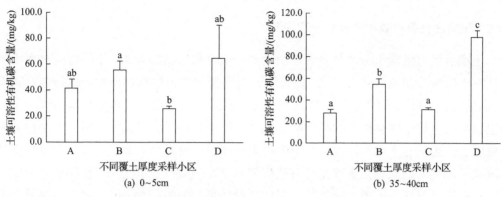

图 4-5 不同覆土厚度采样小区的土壤可溶性有机碳分布

两者与 B、D 采样小区相比，均存在显著差异[图 4-5(b)]。D 采样小区的煤矸石层可溶性有机碳含量高达 97.90mg/kg，这说明覆土厚度较薄时，充填复垦区上覆土壤可溶性有机碳含量很可能受到煤矸石层的影响。对比其他 3 类采样小区，覆土厚度 60~100cm 的采样小区土壤整个剖面可溶性有机碳含量累积程度最佳。

4.1.6 土壤活性有机碳与土壤理化性质的关系

研究区煤矸石充填重构土壤有机碳含量与土壤 pH、容重均呈极显著正相关($P<$ 0.01)，相关系数分别为 0.8243、0.7970，也就是说随着 pH 上升或容重增加，土壤有机碳含量也相应增加。土壤含水量与有机碳含量呈极显著负相关，相关系数为 0.6217（表 4-2），即复垦土壤含水量越高，土壤有机碳含量却越低。

表 4-2 土壤活性有机碳与土壤理化性质相关性分析（$n=32$）

项目		pH	含水量/(cm³/cm³)	容重/(g/cm³)
土壤有机碳含量/(g/kg)	回归方程	$Y=0.1331X+7.134$	$Y=-0.0103X+0.3189$	$Y=0.0749X+1.2152$
	R^2	0.6794^{**}	0.3865^{**}	0.6352^{**}
土壤微生物生物量碳含量/(mg/kg)	回归方程	$Y=-0109X+8.0268$	$Y=-4\times10^{-5}X+0.2862$	$Y=-0.0063X+1.7273$
	R^2	0.2403^*	0.0002	0.2414^*
土壤可溶性有机碳含量/(mg/kg)	回归方程	$Y=0.0085X+7.1491$	$Y=-0.0003X+0.298$	$Y=0.0049X+1.2208$
	R^2	0.2806^{**}	0.0257	0.2689^{**}

*表示显著相关（$P<0.05$），**表示极显著相关（$P<0.01$）

土壤活性有机碳和有机碳相比，与土壤理化性质的相关关系稍有不同。其中，微生物生物量碳与土壤 pH、容重呈显著负相关（$P<0.05$），相关系数分别为 0.4902、0.4913，其与土壤含水量不相关。而可溶性有机碳与土壤 pH、容重呈极显著正相关（$P<0.01$），相关系数分别为 0.5297、0.5186，其与土壤含水量也不相关。换句话说，随着土壤 pH 或容重增加，煤矸石充填复垦土壤中微生物生物量碳减少，而可溶性有机碳却相应增加。

4.1.7　土壤活性有机碳组分及其影响因素

土壤活性有机碳组分的分离可以用物理、化学和生物的方法，不同方法分离出的活性有机碳组分相互之间有交叉，但可从不同侧面反映土壤有机碳的环境行为及其意义(廖艳等，2011)。微生物生物量碳是土壤中活微生物体死亡后细胞裂解所释放出来的生物量碳，是土壤有机碳中最活跃、最易变的组分(吕国红等，2006)。可溶性有机碳可随水分运动在土壤剖面迁移，对植物固碳和微生物活动有重要意义。微生物生物量碳和可溶性有机碳也是土壤活性有机碳库的 2 个重要表征指标(万忠梅等，2009)。煤矸石充填复垦区，上覆土壤初始有机碳含量较低(平均 2.46g/kg)，而垫底煤矸石中有机碳含量较高，为上覆土壤的 5 倍多，复垦地作物栽培和植被恢复过程中，有机碳及其活性组分库将进行重建。土壤有机碳、微生物生物量碳和可溶性有机碳作为重要指标，可指示复垦土壤中植物、微生物活动以及土壤的肥力演变过程。

影响土壤有机碳及其活性组分含量和在土壤中稳定性的因素较多，如 pH、温度、湿度、黏粒含量、黏土矿物种类、土壤 C/N、微生物量、土地利用方式等。其中，土地利用方式主要通过地表植被覆盖、土壤结构和土壤管理措施的改变而导致微生物生物量碳和可溶性有机碳含量的差异(李太魁等，2013；房飞等，2013)。以研究区为代表的生态修复区是在同一技术指导下所进行的煤矸石充填复垦工程，实验小区的土地利用方式相同，土壤 pH、含水量和容重等指标的空间变异对有机碳及其活性组分含量的影响显得更为重要。重构土壤 pH 与土壤有机碳和可溶性有机碳含量呈极显著正相关关系，而与微生物生物量碳呈显著负相关关系。这是因为研究区土壤偏碱性，微生物活动受到抑制，而 pH 在数值上的变化受到垫底煤矸石的影响，同时煤矸石层很高的有机碳和可溶性有机碳组分也会增加其在上覆土壤中的含量。降雨或灌溉可增加土壤中有机碳及活性有机碳组分的含量(Pere et al., 2009)，但本研究中土壤含水量与微生物生物量碳和可溶性有机碳含量不相关，与土壤有机碳呈极显著负相关关系，主要是因为采样前期研究区降雨稀少，0～5cm 土壤层含水量显著低于 35～40cm 土壤层，而土壤有机碳及活性组分含量分布更趋向于剖面特征，即随深度增加，含量减少。土壤容重与有机碳和可溶性有机碳含量呈极显著正相关关系，与微生物生物量碳呈显著负相关关系。同样地，实验小区土壤容重大，孔隙度低，不利于微生物活动，但有机碳总量和可溶性有机碳含量却能够逐渐累积，研究结果与 Lorenz 等(2007)在美国俄亥俄州的复垦土壤有机碳研究结论是一致的。

4.1.8　土壤活性有机碳组分的分布特征

安徽省淮北平原表层土壤有机碳含量平均为 5.86g/kg(许信旺等，2007)，相对于江淮丘陵和皖南山区较低。而实验区上覆土壤主要来源于采煤沉陷区深挖土，大多原位于土壤剖面 100cm 以下深度，有机碳含量更低。土壤微生物生物量碳和可溶性有机碳占有机碳总量的比例也低于其他类型土壤，0～5cm 土壤层约占 3%，35～40cm 土壤层约占 5%。煤矸石充填复垦采煤沉陷区本身伴随着土地整理过程，可有效改善土壤有机碳含量(谭梦等，2011)，因此与初始值相比，复垦 3 年后 0～5cm 土壤层有机碳含量平均增加 0.48g/kg。但其他区域不同方式复垦的土壤，有机碳增加幅度或活性有机碳各组分含量均明显高于实验区土壤。江苏东台滨海盐土围垦 3 年以上表层土壤有机碳含量平均增加 2.4g/kg(金雯晖等，2013)；新疆玛纳斯河流域盐渍化弃耕地通过复垦和生态修复，0～20cm 土壤层有机碳含量也提高了 2.13g/kg(闫靖华等，2013)；而太湖流域肖甸湖区围湖造地复垦农田 0～10cm 表层土壤微生物生物量碳含量为 (573.38±18.28)mg/kg，可溶性有机碳最高也可达 (401.21±115.20)mg/kg(王莹等，2010)。因此，区域土壤初始条件制约了实验小区土壤有机碳和活性有机碳组分的累积，而复垦后种植旱地作物也在一定程度上阻碍了土壤有机碳的快速提高。

煤矸石充填重构土壤从广义上来说属于人为土，但其下垫面特殊的基质理化性质和物质循环过程将影响上覆土壤(Anne et al.，2012)。一般意义上来说，上覆土壤越厚，对表层土壤的影响越小。在自然农业土壤中，活性有机碳组分含量随土壤剖面深度增加而减少(Guo et al.，2011；Johanna et al.，2012)，煤矸石充填重构土壤同样存在此分布特征，尤其是可溶性有机碳，35～40cm 土壤层的含量是 0～5cm 土壤层的 79.88%。不同覆土厚度的采样小区，土壤有机碳含量在整个剖面上随覆土厚度增加，相同土壤层位中的含量也增加，即重构土壤有机碳的累积能力随覆土厚度增加而提高，但土壤活性有机碳组分并没有出现上述分布特征。当覆土厚度达到 40cm 以上时，不同采样小区土壤微生物生物量碳含量间无显著差异，甚至覆土厚度>100cm 时，其在 0～5cm 土壤层的含量反而降低。土壤可溶性有机碳在 D 采样小区(覆土厚度 20～40cm)明显受到煤矸石层的影响，含量提高很快。对比其他 3 类采样小区，覆土厚度为 60～100cm B 采样小区土壤可溶性有机碳的累积条件最佳。因此，土地复垦和生态修复时应考虑土壤活性有机碳组分的分布特征，研究设计相对最优的煤矸石充填重构土壤的覆土厚度，有利于土壤植物生长、微生物活动和土壤肥力的增加。

4.2　覆土厚度和植被对有机碳分布的影响

4.2.1　研究区概况与实验方法

1. 地理位置

潘集矿区位于淮河流域中游，黄淮海平原南端，北临茨淮新河，南濒淮河，东与怀远县接壤，西与凤台县毗邻。潘集矿区位于潘集谢桥矿区的最东部，目前投产的有潘一矿、潘二矿、潘三矿和潘北矿共 4 个现代化矿井，预计年产量达 13Mt，多年的开采导致采空区上方地表形成一个条状沉陷区域，走向与泥河基本一致，地理位置为东经 116°21′21″~117°11′59″，北纬 32°32′45″~33°0′24″，海拔 16.5~240m，地形标高 18~27m。潘集矿区包括 1 个街道、9 个镇和 1 个民族乡，面积 600km²。

在东辰生态园修复区形成之前，由于 30 多年煤炭高强度开采，该区域由曾经的良田演变成一片采煤塌陷塘，土壤理化性质较差，土壤养分流失严重，失去了土壤的耕性，给当地居民的生产和生活带来了极大的不便。于是，自 2007 年开始，淮南市人民政府开始对该塌陷区域进行土地治理，规范建设面积 3000 亩。通过煤矸石回填后进行覆土恢复生产，目前已形成集湿地生态、观光农业、休闲旅游、生态养老社区功能为一体的多功能生态公园，探索出采煤塌陷治理的创大模式 [图 4-6(a)]。一期二期工程顺利完成，该生态园的养殖业、生态农业、园林景观已颇具规模。该生态园将低碳环保的微生物发酵养殖技术和塌陷区立体网箱养殖技术应用于该生态园养殖业，形成以饲养猪、牛羊为主体，配以鸵鸟、土鸡、鸭、鹅等家禽的养殖结构，同时结合绿色生产理念，打造成集生产、加工、销售于一体的绿色食品生产基地，有力地推动地区经济结构的转型，实现由煤炭产业为主导的经济模式向绿色循环经济为主导的经济模式的转变。采用现代农业种植技术，种植了圣女果、黄瓜、茄子、西瓜、辣椒等纯绿色水果蔬菜；增加园区绿化面积的同时，考虑自然景观的美感和观赏性，种植大量高杆红叶石楠、海棠、银杏、香樟等精品苗木，其具有集商业价值和社会价值于一身的独创性开发成果，荣获第九届安徽省企业管理现代化创新成果一等奖。

(a) 东辰生态园修复区　　　　　　　　(b) 潘一矿生态修复区

图 4-6　研究区地貌与植被

潘一矿生态修复区是在淮南市人民政府的统一规划下，结合采煤塌陷塘时空分布特点和煤矸石工程特性，采用挖深垫浅法，建设形成的国家级矿山环境修复区 [图 4-6(b)]。目前，已形成以乔松、黑松为优势种的植被群落系统，且随着复垦时间的增加，复垦区植被-土壤-大气系统逐渐趋于平衡、稳定，初步显示出巨大的生态环境效益。曾经的生态脆弱地区经复垦后形成以林地为主，兼有耕地，充分利用矿区土地的经济功能和社会服务功能，进一步缓解了地区人多地少的矛盾，显著提高了周边地区村民的生活水平和居住环境，发挥了该地区的经济效益和社会效益。

2. 气候特征

淮南地区属于暖温带半湿润季风气候，气候特征主要表现为春温多变、夏雨集中、秋高气爽、冬季干燥。四季分明，雨量充沛，年平均温度 14.3~16℃，年降雨量 937mm，蒸发量 1600mm；降雨主要集中在 7~9 月，约占全年降雨量的 60%；年均相对湿度 76%，年日照时数 2279.2h，无霜期 224d，雪期 72~127d，最大冻结深度 300mm，适宜于稻、麦、油、豆等多种粮食作物种植和生长。淮南位于亚热带向暖温带过渡地带，兼具南北气候的特点。气候资源的多样性决定了农业生产的多样性，既适合种植南方作物，如暖温带、亚热带的水稻、油菜、麻类等，又满足北方作物的生长，有小麦、山芋、玉米、高粱、绿豆、大豆、豌豆等。同时，也孕育了"三山三水"（八公山、上窑山、舜耕山，淮河、高塘湖、瓦埠湖）的美好生态环境。

近年来煤炭工业和电力工业的大力发展，人类活动对气候的影响比以往更加显著，尤其是煤炭高强度开采和电力工业的发展。这就决定了矿区的气候有别于其他同纬度地区，表现出地区特色的气候特点。

3. 地形地貌

潘集矿区地貌属于江淮平原，其中镶嵌有河漫滩、河间平地，总体上自南东向北西倾斜（总体地势由西北向东南微倾），坡降约 1/8000°；地表水系属淮河水系，包括淮河、茨淮新河、泥河、黑河，以及大大小小的采煤沉陷积水区与人工河。区域地貌类型较复杂，分为平原、丘陵两类主要的地貌类型。区域内还有八公山、舜耕山、上窑山，淮河、高塘湖、瓦埠湖，以及大大小小的采煤塌陷塘。采煤沉陷区土地利用类型主要为林地、草地及人工湿地。土壤类型为半水成土纲的非地带性土壤——潮土与砂姜黑土，是在黄土母质上发育而来的。

淮南矿区地面塌陷形成的自然原因主要包括两个方面，一方面，淮南矿区主要分布在江淮平原区，下伏岩多为灰岩、白砂岩和砂岩互层，浅部岩溶发育富水。当地下沿构造断裂带运动时造成上覆地层塌陷。另一方面，大气降水，尤其是短时间内高强度降水，造成大面积地表径流涌入地下，促使地下水位迅速上升，松散土层含水处于饱和，一旦降水停止地下水位迅速下降，造成地表塌陷。淮南市采煤塌陷面积和积水面积现状与预测见表 4-3。

表 4-3　淮南市采煤塌陷面积和积水面积现状与预测　　　（单位：km²）

年份	塌陷面积	积水面积
2010	121.4	59.8
2020	186.9	112.7
2030	275.2	195.4

4. 植被群落

淮南潘集矿区种子植物共有 37 科 79 属 97 种,分别占安徽省及中国种子植物科、属、种总数的 22.7%、8.8%、3.9% 和 12.3%、2.3%、0.3%。其中,优势种有马蹄金(*Dichondra repens*)、球穗莎草(*Cyperus globosus*)、乔松(*Pinus griffithii*)、黑松(*Pinus thunbergii*)等。

表 4-4　淮南潘集矿区种子植物科、属、种的组成

序号	科名	属数	种数	序号	科名	属数	种数
1	百合科 Liliaceae	2	2	20	伞形科 Umbelliferae	1	1
2	蔷薇科 Rosaceae	4	5	21	莎草科 Cyperaceae	2	2
3	车前科 Plantaginaceae	1	2	22	桑科 Moraceae	1	1
4	千屈菜科 Lythraceae	1	1	23	杉科 Taxodiaceae	2	2
5	葡萄科 Vitaceae	1	2	24	商陆科 Phytolaccaceae	1	2
6	唇形科 Labiatae	2	2	25	十字花科 Cruciferae	1	1
7	夹竹桃科 Apocynaceae	1	1	26	石竹科 Caryophyllaceae	1	1
8	豆科 Leguminosae	11	13	27	薯蓣科 Dioscoreaceae	1	1
9	菊科 Asteraceae	7	10	28	松科 Pinaceae	2	3
10	禾本科 Gramineae	12	12	29	无患子科 Sapindaceae	1	1
11	冬青科 Aquifoliaceae	1	1	30	五加科 Araliaceae	1	1
12	大戟科 Euphorbiaceae	4	5	31	石蒜科 Amaryllidaceae	2	2
13	景天科 Crassulaceae	1	1	32	玄参科 Scrophulariaceae	1	2
14	马鞭草科 Verbenaceae	2	2	33	杨柳科 Salicaceae	2	5
15	漆树科 Anacardiaceae	1	1	34	罂粟科 Papaveraceae	1	1
16	毛茛科 Ranunculaceae	1	1	35	榆科 Ulmaceae	1	1
17	胡颓子科 Elaeagnaceae	1	1	36	紫葳科 Bignoniaceae	1	1
18	木犀科 Oleaceae	1	2	37	柏科 Cupressaceae	2	2
19	蓼科 Polygonaceae	1	3	合计		79	97

5. 样地选择与调查

(1)样地选择

由于采煤沉陷区煤矸石充填复垦后的土地利用方式、地质条件(地下水位的高低)和工程措施的差异,往往会在沉陷区上形成不同的植被类型和覆土厚度。因此,在选择实验样地时,按不同植被类型和覆土厚度选取土壤类型等立地条件相似的具有代表性的样地。东辰生态园(DC)以人工草地为主,覆土厚度分三个等级,分别为 20～40cm、40～80cm 和 80～100cm;潘一矿生态修复区(PY)以人工林地为主,覆土厚度分三个

等级，分别为 0～20cm、20～40cm 和 40～80cm。东辰生态园地形为高台，潘一矿生态修复区的地形较为平缓，修复区土壤基本理化性质见表 4-5。目前，东辰生态园和潘一矿生态修复区已成为国家采煤沉陷区土地充填复垦治理示范区和淮南矿区生态环境治理试点。

表 4-5 不同生态修复区土壤基本理化性质

研究区	容重		含水量		pH	
	均值/(g/cm³)	变异系数/%	均值/%	变异系数/%	均值	变异系数/%
DC	1.81	6.74	20.02	9.59	7.94	1.56
PY	1.80	10.54	16.73	21.39	7.93	2.14

研究区	土壤有机碳		土壤可溶性有机碳		土壤微生物生物量碳	
	均值/(g/kg)	变异系数/%	均值/(mg/kg)	变异系数/%	均值/(mg/kg)	变异系数/%
DC	3.17	49.78	30.46	26.39	55.92	45.66
PY	9.27	37.35	62.59	42.52	52.65	53.05

（2）样地实际调查

对东辰生态园和潘一矿生态修复区的所有样地海拔、地理坐标等地形因子和覆土厚度、土壤质地及充填基质等土壤剖面特征进行现场考察和实际勘探。样地调查情况见表 4-6。

表 4-6 不同生态修复区基本信息

研究区	土壤质地	充填基质	植被类型	覆土厚度/cm	优势种
DC	粉砂质黏土	煤矸石	草地	20～100	马蹄金、球穗莎草、狗牙草
PY	壤质黏土	煤矸石	乔木林	0～80	乔松、黑松、朴树

用取土钻探测研究区不同地块的覆土厚度，图中显示的覆土厚度分别在 10cm 和 33cm 左右，如图 4-7 所示。

(a) 覆土厚度10cm   (b) 覆土厚度33cm

图 4-7 现场探测研究区覆土厚度

（3）研究区分类调查

东辰生态园样地设置方法：依据覆土厚度的不同，选取典型草地群落样地 5 个，每个样地面积 2m×2m，调查样地草的物种数及优势种。

潘一矿生态修复区样地设置方法：依据覆土厚度的不同，选取样地 5 个，每个样地面积 2m×2m，调查样地树种及优势度。

6. 研究区采样点的布置

本研究在 2015 年 3 月~2016 年 1 月进行土壤调查采样。分别于 2015 年 3 月、2015 年 5 月、2015 年 7 月、2015 年 9 月、2015 年 11 月、2016 年 1 月，在每块样地表层采集新鲜土样，东辰生态园和潘一矿生态修复区的土壤均是采用煤矸石充填后覆以预先剥离的有机表层土（覆土来自同一区域），不同样地之间的物理、化学及生物学特性基本一致。气候、气温及降水等因素对 2 个研究区的影响基本一致，可忽略不计。因此，每个生态修复区土壤有机碳和理化性质的差异，主要是由植被类型和所覆表土厚度的差异所引起的。

在每块样地内呈"S"形设置 5 个采样点，采样前去除地表的枯枝落叶、石子等杂物，每个采样点收集 3 份土样组成混合土样，土样采集在 0~20cm 土层进行，然后立即放入自封袋，带回实验室置于 4℃冰箱内。

4.2.2　土壤有机碳、微生物生物量碳测定与计算方法

1. 土壤有机碳的计算

$$W_s(C)=(V_0-V)\cdot c\cdot 3\cdot t_s\cdot 1000/DW \tag{4-1}$$

式中，$W_s(C)$ 为土壤有机碳质量分数（mg/kg）；c 为 $FeSO_4$ 溶液浓度（mol/L）；V_0 为滴定空白样时消耗的 $FeSO_4$ 溶液体积（mL）；V 为滴定样品时消耗的 $FeSO_4$ 溶液体积（mL）；DW 为烘干土重（g）；t_s 为分取倍数，等于（浸提液体积+土中的水体积）/吸取液体积；3 为碳（1/4C）的毫摩尔质量；1000 为转换为 kg 的系数。土壤有机碳的测定方法利用稀释热法。

2. 土壤微生物生物量碳的测定与计算

依据原理：利用氯仿的化学性质，土壤经氯仿熏蒸处理，微生物被杀死，微生物细胞破裂后，细胞内物质释放到土壤中，导致土壤的碳素含量大幅度增加，通过分别测定熏蒸和未熏蒸土样有机碳含量可以计算出土壤微生物生物量碳。

氯仿熏蒸 0.5mol/L K_2SO_4 提取法：称取相当于 20.0g 烘干土重的新鲜土壤 3 份，分别放在约 100mL 的烧杯中，然后连同一个装有 50mL NaOH 溶液和一个装有约 50mL 无乙醇氯仿的小烧杯一起放入同一干燥器中，密闭熏蒸培养 24h 后，按照 1:4 土水

比加入 0.5mol/L K₂SO₄ 溶液 80mL 浸提，浸提液中碳用重铬酸钾容量法测定。在熏蒸开始的同时，称取等量土壤 3 份做未熏蒸处理，同时做空白。熏蒸与未熏蒸土壤有机碳含量之差即土壤微生物生物量碳的值(林启美等，1999)。

$$W_{m}(C)=2.64Ec \tag{4-2}$$

式中，$W_{m}(C)$ 为土壤微生物生物量碳质量分数(mg/kg)；Ec 为熏蒸土样有机碳量与未熏蒸土样有机碳量之差(mg/kg)。

4.2.3 覆土厚度和植被对土壤有机碳分布的影响

1. 生态修复区复垦土壤有机碳含量及分布

不同生态修复模式下(包括植被类型和覆土厚度)，潘集矿区采煤沉陷煤矸石充填复垦区平均土壤有机碳含量为(5.61±0.18)g/kg(平均值±标准误差)，平均土壤可溶性有机碳含量为(50.95±1.23)mg/kg，平均微生物生物量碳含量为(66.07±2.17)mg/kg，平均土壤含水量为(18.35±0.29)%，平均土壤容重为(1.80±0.02)g/cm³，平均 pH 为 7.73±0.01，平均土壤砂粒为(20.37±1.38)%：粉粒为(52.48±1.69)%，黏粒为(27.15±0.53)%，砂粒含量：粉粒含量：黏粒含量=20.37：52.48：27.15，参照国际制土壤质地分类标准，该地区土壤质地为粉质黏土，其中东辰生态园内的草地进行人工管理，如除杂草、施肥、除虫等管理措施。

无论东辰生态园(草地)还是潘一矿生态修复区(林地)，其表层(0~20cm)平均土壤有机碳含量均低于相应的自然土壤中有机碳含量。相应的研究发现，蜜柚林地的土壤有机碳含量为 15.27g/kg，内蒙古荒漠草原土壤有机碳含量为 12.9g/kg。研究区的土壤属于重构土壤，主要是在采煤沉陷区以煤矸石为充填基质进行土地整理，剖面构造是下层为煤矸石，上层为覆上表土。土壤容重高于其他地区。

从不同生态修复模式下(植被类型)土壤有机碳季节变化特征来看(图 4-8)，潘一矿生态修复区全年有机碳含量基本上高于东辰生态园(除 2015 年 11 月)；从全年变化趋势可以看出，东辰生态园和潘一矿生态修复区土壤有机碳含量的最高值均出现在 7 月和 9 月；东辰生态园土壤有机碳含量的最小值出现 3 月，而潘一矿生态修复区土壤有机碳最小值出现在 11 月，这说明不同植被类型下土壤有机碳的储存量与土壤有机碳矿化量存在差异。全年的整体变化趋势为，东辰生态园：7 月>9 月>5 月>11 月>次年 1 月>3 月；潘一矿生态修复区：7 月>3 月>5 月>9 月>次年 1 月>11 月，与东辰生态园和潘一矿生态修复区植被生长趋势基本一致(图 4-8)。一般情况下，植被生长处在生长季节，相应的植物新陈代谢越旺盛，根际分泌物越多，相应的土壤有机碳含量越高。与自然土壤相比，采煤沉陷区煤矸石充填复垦区土壤条件贫瘠，土壤容重高，偏碱性，若不采取人工管理措施，土壤自然演化速度较慢，土壤熟化过程延缓。

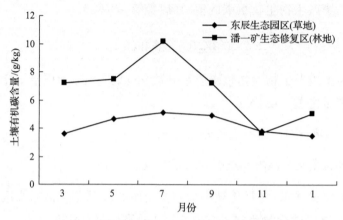

图 4-8　不同植被类型土壤有机碳季节变化特征

2. 两种植被类型土壤有机碳的统计分析

从东辰生态园各采样小区的土壤有机碳含量的统计特征来看（表 4-7），该研究区各采样小区的土壤有机碳含量均值在 2.02～5.20g/kg，DC1 采样小区全年土壤有机碳均值最大，分别比 DC2、DC3、DC4、DC5 采样小区高出 1.96%、0.58%、37.20%、157.43%，变幅范围在 2.15～6.37g/kg，变异系数为 0.34%～31.55%，基本属于中等变异性（通常认为变异系数在 10%～100% 为中等变异）。

表 4-7　东辰生态园全年土壤有机碳含量的统计特征

采样小区	均值/(g/kg)	标准偏差/(g/kg)	最大值/(g/kg)	最小值/(g/kg)	变幅/(g/kg)	变异系数/%
DC1	5.20	1.64	8.54	2.17	6.37	31.48
DC2	5.10	1.61	8.04	2.72	5.32	31.55
DC3	5.17	0.88	6.88	2.95	3.93	17.10
DC4	3.79	0.79	6.42	2.67	3.75	20.93
DC5	2.02	0.70	3.20	1.05	2.15	0.34

从潘一矿生态修复区各采样小区的土壤有机碳含量的统计特征来看（表 4-8），该研究区各采样小区的土壤有机碳含量均值在 5.45～8.75g/kg，最大值在 PY4 采样小区，为 8.75g/kg，最小值在 PY5 采样小区，为 5.45g/kg，变幅范围在 8.47～22.29g/kg，变异系数在 0.37%～0.50%，属于低等变异性（通常认为变异系数小于 10% 为低等变异），而东辰生态园属于中等变异，产生这种结果可能是由于地形因素，东辰生态园的地形为高台，土壤有机碳存在随地表径流移动的可能。

表 4-8 潘一矿生态修复区全年土壤有机碳含量的统计特征

采样小区	均值/(g/kg)	标准偏差/(g/kg)	最大值/(g/kg)	最小值/(g/kg)	变幅/(g/kg)	变异系数/%
PY1	5.70	2.30	10.45	1.98	8.47	0.40
PY2	7.36	3.19	15.80	2.76	13.04	0.43
PY3	8.38	4.19	15.53	2.75	12.78	0.50
PY4	8.75	4.28	25.42	3.13	22.29	0.49
PY5	5.45	2.02	10.87	1.89	8.98	0.37

从不同生态修复模式下(植被类型)土壤有机碳含量的统计特征来看(表 4-9),东辰生态园的平均土壤有机碳含量为(4.15±1.78)g/kg,最大值为 8.53g/kg,最小值为 0.62g/kg,变幅较大,为 7.91g/kg,变异性较大,变异系数为 42.89%,属于中等变异性。与其他地区相比,东辰生态园的土壤有机碳变异性较高,荒漠草原的年际变异系数为 36.7%,典型草原为 33.3%,草甸草原为 23.5%,云雾山草地的土壤有机碳变异性为 13.47%~16.85%。潘一矿生态修复区平均土壤有机碳含量(7.13±3.55)g/kg,比东辰生态园高出 71.81%,最大值为 25.42g/kg,最小值为 1.89g/kg,变幅也高于东辰生态园,达 23.53g/kg,变异系数为 49.79%,属于中等强度变异性。

表 4-9 不同植被类型土壤有机碳含量的统计特征

研究区	土壤有机碳库	均值/(g/kg)	标准偏差/(g/kg)	最大值/(g/kg)	最小值/(g/kg)	变幅/(g/kg)	变异系数/%
DC	土壤有机碳	4.15	1.78	8.53	0.62	7.91	42.89
	土壤可溶性有机碳	41.92	12.28	75.36	15.72	59.64	29.29
	土壤微生物生物量碳	55.24	27.68	137.10	15.67	121.43	50.11
PY	土壤有机碳	7.13	3.55	25.42	1.89	23.53	49.79
	土壤可溶性有机碳	60.28	24.77	192.22	21.46	170.65	41.09
	土壤微生物生物量碳	77.56	43.38	196.50	19.90	176.60	55.93

无论东辰生态园还是潘一矿生态修复区,土壤微生物生物量碳各项统计指标均高于土壤可溶性有机碳。东辰生态园的土壤可溶性有机碳含量为(41.92±12.28)mg/kg,最大值为 75.36mg/kg,最小值为 15.72mg/kg,变幅为 59.64mg/kg,变异系数为 29.29%,属于中等变异性;东辰生态园的微生物生物量碳含量为(55.24±27.68)mg/kg,最大值为 137.10mg/kg,最小值为 15.67mg/kg,变幅高于土壤有机碳和可溶性有机碳,为 121.43mg/kg,变异系数为 50.11%。潘一矿生态修复区的土壤可溶性有机碳含量为(60.28±24.77)mg/kg,最大值为 192.22mg/kg,最小值为 21.46mg/kg,变幅为 170.65mg/kg,变异系数为 41.09%;潘一矿生态修复区的微生物生物量碳含量为(77.56±43.38)mg/kg,最大值为 196.50mg/kg,最小值为 19.90mg/kg,变幅为

176.60mg/kg，变异系数为 55.93%，属于中等变异性。

　　将东辰生态园和潘一矿生态修复区的统计指标进行对比可以发现，潘一矿生态修复区的土壤有机碳、可溶性有机碳和微生物生物量碳的均值均高于东辰生态园，且分别高出 71.81%、43.80%和 40.41%；微生物生物量碳含量的变幅＞可溶性有机碳含量的变幅＞有机碳含量的变幅；研究区土壤变异性较大，可能是由于复垦区土壤属于人为重构的土壤，对土壤的扰动较大，况且重构土壤的下垫层是煤矸石，明显区别于自然土壤等。同时，研究区没有海拔变化，主要是上覆表土来源，土地利用方式和覆土厚度的差异对土壤有机碳、可溶性有机碳、微生物生物量碳的变异性影响较大。

　　3. 覆土厚度对土壤有机碳含量及分布的影响

　　对于煤矸石充填复垦区而言，覆土厚度通常是指以煤矸石为充填基质，上覆表土的厚度。土壤有机碳含量的影响因素，除了自然因素(土壤质地、地上生物量、土壤微生物活性等)，煤矸石充填复垦过程中因工程施工等原因而导致的覆土厚度的差异也会影响到土壤有机碳含量。从图 4-9 可以看出，不同覆土厚度复垦土壤有机碳含量为 4.49～6.53g/kg，覆土较薄的地块(0～20cm)有机碳含量最高为 6.53g/kg，分别比覆土 20～40cm、40～60cm、60～80cm、80～100cm 的地块高出 23.91%、2.35%、26.31%、45.43%，这可能是由于植被类型对复垦区土壤有机碳的影响大于覆土厚度。0～20cm 覆土厚度的地块有机碳含量来源于 PY1、PY2 采样小区，20～40cm 覆土厚度的地块有机碳含量来源于 DC2、PY5 采样小区，40～60cm 覆土厚度的地块有机碳含量来源于 PY3、PY4 和 DC5 采样小区，60～80cm 覆土厚度的地块有机碳含量来源于 DC3 采样小区，80～100cm 覆土厚度的地块有机碳含量来源于 DC1、DC4 采样小区，除 0～20cm 覆土厚度的有机碳含量都是来源于潘一矿生态修复区采样点外，其他覆土厚度均有数据来源于东辰生态园，而土壤有机碳含量：潘一矿生态修复区(林地)＞东辰生态园(草地)，再加上覆土厚度对土壤有机碳含量的影响被植被类型所覆盖，因此表现出 0～20cm 覆土厚度的地块土壤有机碳含量高于其他覆土厚度。

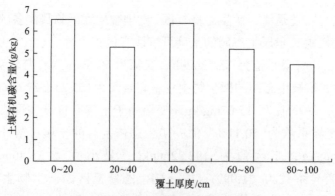

图 4-9　不同覆土厚度土壤有机碳变化特征

综合不同覆土厚度土壤有机碳含量的多重比较，发现覆土 0～20cm 和 40～60cm 的地块土壤有机碳含量显著高于其他覆土厚度，其他覆土厚度之间土壤有机碳含量的差异并不显著，说明覆土厚度对表层土壤有机碳含量有较大的影响。

4. 不同覆土厚度下土壤有机碳的统计分析

根据实验数据统计，不同生态修复模式下(覆土厚度)土壤有机碳含量差异明显，不同覆土厚度下土壤有机碳含量见表 4-10。0～20cm 覆土厚度下土壤有机碳含量最高，为(6.53±2.88)g/kg，显著高于 60～100cm 覆土厚度下土壤有机碳含量，但这并不能说明 0～20cm 覆土厚度是最优的覆土厚度(对于土壤肥力而言)，相反，通过对不同覆土厚度下土壤有机碳分布特征的研究发现，40～60cm 覆土厚度是最优的覆土厚度，其有机碳含量仅次于 0～20cm 覆土厚度，而标准偏差、变幅、变异系数都高于其他覆土厚度，40～60cm 覆土厚度下土壤变异系数最高，为 72.57%。20～40cm 覆土厚度下土壤有机碳含量为 1.89～10.87g/kg，最大值是最小值的 5.75 倍，变异系数为 34.54%，属于中等变异性；60～80cm 覆土厚度下土壤有机碳含量均值为(5.17±0.88)g/kg，最大值为 6.88g/kg，最小值为 2.95g/kg，最大值是最小值的 2.33 倍，变异系数为 17.02%，是所有覆土厚度下土壤有机碳变异性最小的；80～100cm 覆土厚度下土壤有机碳含量均值为(4.49±1.46)g/kg，最大值为 8.54g/kg，最小值为 2.17g/kg，变异系数为 32.52%，属于中等变异性。

表 4-10　不同覆土厚度土壤有机碳含量的统计特征

覆土厚度/cm	数据来源 (采样小区)	均值 /(g/kg)	标准偏差 /(g/kg)	最大值 /(g/kg)	最小值 /(g/kg)	变幅/(g/kg)	变异系数/%
0～20	PY1 和 PY2	6.53	2.88	15.8	1.98	13.82	44.10
20～40	DC2 和 PY5	5.27	1.82	10.87	1.89	8.98	34.54
40～60	PY3、PY4、DC5	6.38	4.63	25.42	1.05	24.37	72.57
60～80	DC3	5.17	0.88	6.88	2.95	3.93	17.02
80～100	DC1 和 DC4	4.49	1.46	8.54	2.17	6.37	32.52

不同生态修复模式下(覆土厚度)土壤有机碳含量大小顺序为 0～20cm(6.53g/kg)＞40～60cm(6.38g/kg)＞20～40cm(5.27g/kg)＞60～80cm(5.17g/kg)＞80～100cm(4.49g/kg)，变异系数大小顺序：40～60cm(72.57%)＞0～20cm(44.10%)＞20～40cm(34.54%)＞80～100cm(32.52%)＞60～80cm(17.02%)。

4.2.4　生态修复区复垦土壤有机碳活性组分含量与分布

1. 植被类型对土壤有机碳活性组分含量及分布的影响

植物的不同生长季节对土壤微生物生物量碳含量具有明显的影响(图 4-10)。整体来看，东辰生态园和潘一矿生态修复区的土壤微生物生物量碳含量的最大值均出现在5月，与土壤有机碳最大值出现的时间不同（7月），这说明土壤微生物生物量碳对季节的敏感性强于土壤有机碳。因此，用土壤微生物生物量碳作为敏感指标，可以更好、更快地预测土壤碳库储量的变化，这与大多数学者的研究一致。最小值出现在11月或1月，在此期间，全年气温最低，植物生长最缓慢。

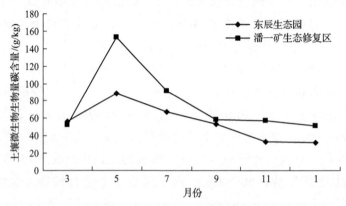

图 4-10　不同植被类型土壤微生物生物量碳季节变化特征

具体到每个研究区，每个研究区代表一种土地利用方式，一种植被类型。从图4-10可以看出，5月和7月土壤微生物生物量碳含量显著高于其他月份，其他月份土壤微生物生物量碳含量的变动不大。就不同研究区而言，东辰生态园土壤微生物生物量碳含量季节变化较小，变化幅度为 32.44～88.62mg/kg，而潘一矿生态修复区土壤微生物生物量碳含量季节变化幅度较大，为51.37～152.89mg/kg。潘一矿生态修复区土壤微生物生物量碳含量是东辰生态园的 1.58～1.73 倍。

东辰生态园的植被类型为人工草地，其土壤微生物生物量碳含量的季节变化趋势是：5月＞7月＞9月＞11月＞3月＞次年1月；潘一矿生态修复区的植被类型为林地，其土壤微生物生物量碳含量的季节变化趋势是：5月＞7月＞3月＞9月＞11月＞次年1月。

2. 覆土厚度对土壤有机碳活性组分含量及分布的影响

从图 4-11 和图 4-12 可以看出，无论是土壤微生物生物量碳还是可溶性有机碳，它们随覆土厚度的变化趋势基本一致，具体为：40～60cm＞0～20cm＞60～80cm＞20～40cm＞80～100cm。在不同覆土厚度的影响下，土壤微生物生物量碳的变幅为55.55～75.74mg/kg，土壤可溶性有机碳的变幅为42.35～61.07mg/kg。综合考虑图4-10～图 4-12 的研究结果，发现覆土厚度为 40～60cm 时，土壤有机碳、微生物生物量碳和可溶性有机碳含量均为最大值，可见 40～60cm 覆土厚度是最优的覆土厚度，可以作为煤矸石充填复垦技术的一项参考技术指标。

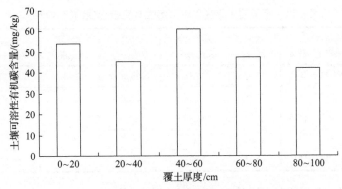

图 4-11　不同覆土厚度土壤可溶性有机碳变化特征

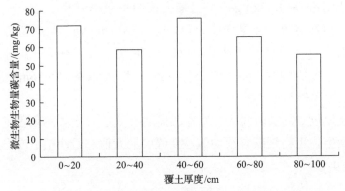

图 4-12　不同覆土厚度土壤微生物生物量碳变化特征

3. 不同覆土厚度下土壤有机碳活性组分的统计分析

不同覆土厚度下土壤可溶性有机碳含量差异明显,不同覆土厚度下土壤平均可溶性有机碳含量见表 4-11。与有机碳含量的分布特征相似,40~60cm 覆土厚度下土壤可溶性有机碳的统计数据如均值、标准偏差、变幅、变异系数均大于其他覆土厚度,产生这种结果可能是由于 40~60cm 覆土厚度下有机碳均值数据来源于 3 个采样小区。不同生态修复模式下(覆土厚度)土壤可溶性有机碳含量均值的变化趋势为:40~60cm(61.07mg/kg)> 0～20cm(53.88mg/kg)> 60～80cm(47.51mg/kg)> 20～40cm(45.29mg/kg)>80~100cm(42.35mg/kg);变幅的大小顺序为:40~60cm(176.39mg/kg)>20~40cm(69.39mg/kg)>0~20cm(61.80mg/kg)>80~100cm(55.62mg/kg)>60~80cm(34.91mg/kg);变异系数的大小顺序为:40～60cm(50.50%)> 20～40cm(31.31%)>80~100cm(29.00%)>0~20cm(28.17%)>60~80cm(16.02%)。

0~20cm 覆土厚度下土壤可溶性有机碳含量均值为(53.88±15.18)mg/kg,最大值为 83.26mg/kg,最小值为 21.46mg/kg,变幅为 61.80mg/kg,变异系数为 28.17%;20~40cm 覆土厚度下土壤可溶性有机碳含量均值为(45.29±14.18)mg/kg,最大值为 87.05mg/kg,最小值为 17.66mg/kg,且最大值约是最小值的 4.93 倍,变异系数为 31.31%;

表 4-11　不同覆土厚度土壤可溶性有机碳含量的统计特征

覆土厚度/cm	数据来源 (采样小区)	均值 /(mg/kg)	标准偏差 /(mg/kg)	最大值 /(mg/kg)	最小值 /(mg/kg)	变幅 /(mg/kg)	变异系数/%
0~20	PY1 和 PY2	53.88	15.18	83.26	21.46	61.80	28.17
20~40	DC2 和 PY5	45.29	14.18	87.05	17.66	69.39	31.31
40~60	PY3、PY4、DC5	61.07	30.84	192.11	15.72	176.39	50.50
60~80	DC3	47.51	7.61	64.58	29.67	34.91	16.02
80~100	DC1 和 DC4	42.35	12.28	75.36	19.74	55.62	29.00

40~60cm 覆土厚度下土壤可溶性有机碳含量均值为(61.07±30.84)mg/kg，最大值为192.11mg/kg，最小值为 15.72mg/kg，且最大值约是最小值的 12.22 倍；60~80cm 覆土厚度下土壤可溶性有机碳含量均值为(47.51±7.61)mg/kg，最大值为 64.58mg/kg，最小值为 29.67mg/kg，且最大值是最小值的 2.18 倍；80~100cm 覆土厚度下土壤可溶性有机碳含量均值为(42.35±12.28)mg/kg，最大值为 75.36mg/kg，最小值为19.74mg/kg，且最大值是最小值的 3.82 倍。

　　研究区覆土厚度、复垦时间、人为管理程度及复垦后土壤熟化程度等因素存在差异，导致土壤微生物生物量碳含量均值、变幅、最大值和最小值、变异系数均表现出明显的差异(表 4-12)。

表 4-12　不同覆土厚度土壤微生物生物量碳含量的统计特征

覆土厚度/cm	数据来源 (采样小区)	均值 /(mg/kg)	标准偏差 /(mg/kg)	最大值 /(mg/kg)	最小值 /(mg/kg)	变幅 /(mg/kg)	变异系数/%
0~20	PY1 和 PY2	71.96	28.75	152.30	21.67	130.63	39.95
20~40	DC2 和 PY5	58.31	41.66	196.50	19.90	176.60	71.45
40~60	PY3、PY4、DC5	75.73	46.35	193.30	19.34	173.96	61.20
60~80	DC3	65.26	29.10	133.90	15.67	118.23	44.59
80~100	DC1 和 DC4	55.55	27.76	120.00	16.13	103.87	49.97

　　不同生态修复模式下(覆土厚度)土壤微生物生物量碳含量平均值的大小依次为40~60cm(75.73mg/kg)＞0~20cm(71.96mg/kg)＞60~80cm(65.26mg/kg)＞20~40cm(58.31mg/kg)＞80~100cm(55.55mg/kg)；变幅最大的是 20~40cm，其次是 40~60cm 和 0~20cm，变幅最小的是 80~100cm，基本符合随覆土厚度的增加变幅降低。这说明，覆土厚度对表层土壤中微生物生物量碳含量产生影响。

　　4. 不同植被类型土壤有机碳与土壤理化性质的相关性分析

　　土壤有机碳含量不仅与地理位置如海拔、地形，以及特殊地理位置具有的特殊气候等因素有关，更与人为影响因素密切相关。

东辰生态园和潘一矿生态修复区属于煤矸石充填复垦区，是在采煤沉陷区的基础之上，结合煤矸石的工程特性，人为构造的新的土地，其土壤环境条件较差，农业生产能力较低，土壤养分缺乏，pH 较高，土壤容重大，必然会对土壤有机碳含量产生影响。

不同植被类型下土壤有机碳含量与土壤理化性质的相关性表明(表 4-13)，不同植被类型土壤有机碳含量与土壤理化性质的相关性存在一定的差异。东辰生态园(草地)，土壤有机碳含量与土壤含水量呈显著负相关$(P<0.05)$，相关系数为-0.199$(N=155)$，与土壤容重、pH 和粉粒含量呈负相关$(P>0.05)$，相关系数分别为-0.329$(N=30)$、-0.149$(N=155)$、-0.309$(N=30)$，而与土壤砂粒含量和黏粒含量呈正相关性$(P>0.05)$，相关系数分别为 0.102$(N=30)$和 0.243$(N=30)$。

表 4-13　不同植被类型土壤有机碳含量与土壤理化性质的相关性

研究区	植被类型	土壤有机碳含量	相关系数					
			土壤容重	土壤含水量	pH	砂粒含量	粉粒含量	黏粒含量
DC	草地	4.15	−0.329	−0.199*	−0.149	0.102	−0.309	0.243
PY	乔木林	7.50	−0.148	−0.087	0.179*	0.279	−0.350	0.113

*表示显著相关$(P<0.05)$

对于东辰生态园和潘一矿生态修复区而言，土壤有机碳含量与土壤容重、土壤含水量和土壤粉粒含量均呈负相关，与土壤砂粒含量和黏粒含量均呈正相关。东辰生态园土壤有机碳含量与 pH 呈负相关，而潘一矿生态修复区与 pH 呈显著正相关$(P<0.05)$。

相关分析表明，土壤可溶性有机碳：土壤有机碳与土壤砂粒含量呈极显著负相关，相关系数为-0.476$(N=60)$；与土壤含水量呈显著正相关，相关系数为 0.332$(N=155)$；与土壤粉粒含量和黏粒含量呈显著负相关，相关系数分别为-0.490 和-0.320。土壤微生物生物量碳：土壤有机碳与土壤砂粒含量、粉粒含量、黏粒含量呈极显著相关，其中与土壤粉粒含量呈正相关，相关系数为 0.618，与土壤含水量呈极显著正相关(相关系数 0.490，$N=155$)，整体来看，土壤可溶性有机碳：土壤有机碳和土壤微生物生物量碳：土壤有机碳均与土壤颗粒组成呈显著相关$(P<0.05)$，与土壤 pH 均不存在相关性$(P>0.05)$(表 4-14)。

表 4-14　土壤碳组分占土壤有机碳比例与土壤非生物因素的相关性

比例	相关系数					
	土壤含水量	土壤容重	pH	砂粒含量	粉粒含量	黏粒含量
土壤可溶性有机碳：土壤有机碳	0.332*	0.202	−0.083	−0.476**	−0.490*	−0.320*
土壤微生物生物量碳：土壤有机碳	0.490**	0.328*	0.049	−0.566**	0.618**	−0.493**

*表示显著相关$(P<0.05)$，**表示极显著相关$(P<0.01)$

5. 不同覆土厚度土壤有机碳与土壤理化性质的相关性分析

不同覆土厚度下土壤有机碳含量与土壤理化性质的相关性见表 4-15，从表中可以看出，不同覆土厚度下土壤有机碳含量与土壤理化性质的相关性存在一定的差异，可能是由于煤矸石充填复垦区土壤剖面结构和所覆表土来源存在差异。0～20cm 覆土厚度下土壤有机碳含量与土壤容重呈极显著负相关(N=10)(P<0.01)，与土壤含水量和黏粒含量均呈显著正相关(N=60，N=10)(P<0.05)，与其他理化指标相关性不明显(P>0.05)；20～40cm 覆土厚度下土壤有机碳含量与土壤容重呈显著正相关(P<0.05)，相关系数为 0.749(N=10)，与土壤砂粒含量和粉粒含量呈极显著相关(P<0.01)，相关系数分别为 0.880、–0.856(N=10)，与其他理化性质的相关性不显著(P>0.05)；40～60cm 覆土厚度下土壤有机碳含量与土壤 pH、土壤砂粒含量和黏粒含量呈极显著正相关(P<0.01)，相关系数分别为 0.272、0.906、0.768(N=90，N=15，N=15)，与土壤含水量呈正相关(P>0.05，N=90)，与土壤容重呈负相关(P>0.05，N=15)；60～80cm 覆土厚度下土壤有机碳含量仅与土壤砂粒含量呈极显著负相关(P<0.01)，相关系数为–0.929(N=5)，与土壤含水量和粉粒含量呈负相关(P>0.05)，相关系数分别为–0.186(N=30)、–0.426(N=5)，而与土壤容重、pH 和土壤黏粒含量呈正相关(P>0.05)；80～100cm 覆土厚度下土壤有机碳含量与土壤含水量、土壤砂粒含量和粉粒含量呈显著相关(P<0.01)，相关系数分别为–0.411(N=60)、–0.721(N=10)、0.650(N=10)，而与土壤容重、pH 和土壤黏粒含量的相关性不显著(P>0.05)。

表 4-15　不同覆土厚度土壤有机碳含量与土壤理化性质的相关性

覆土厚度/cm	土壤有机碳含量	相关系数					
		土壤容重	土壤含水量	pH	砂粒含量	粉粒含量	黏粒含量
0～20	6.53	−0.847**	0.271*	0.332**	0.172	0.537	0.652*
20～40	5.27	0.749*	0.193	−0.072	0.880**	−0.856**	0.428
40～60	6.38	−0.424	0.139	0.272**	0.906**	−0.941**	0.768**
60～80	5.17	0.109	−0.186	0.176	−0.929**	−0.426	0.756
80～100	4.49	−0.438	−0.411*	−0.132	−0.721*	0.650*	0.417

*表示显著相关(P<0.05)，**表示极显著相关(P<0.01)

4.3　有机碳矿化的速率

4.3.1　研究区概况

本实验样品分别来自东辰生态园和潘一矿生态修复区(4.2 节的实验区域)。东辰生态园地处安徽省淮南市潘集区，是淮南东辰集团创大实业有限责任公司对采煤塌陷区治理形成的湿地生态园,于 2015 年 10 月 31 日在淮南东辰生态园内举行 AAA 级景区授牌仪式。在未治理之前,东辰生态园所处区域是经过 30 年煤炭开采形成的采煤塌陷区,地表沉陷,坑塘及杂草遍地。2007 年,淮南东辰集团对潘集矿区 200km² 采煤塌陷区进行治理改造,开展土地复垦、水产、禽畜养殖和林业种植,通过 9 年时间的治理改造,目前已基本成为集生态、旅游观光为一体的生态乐园(图 4-13)。

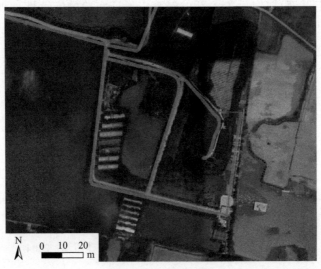

图 4-13　东辰生态园

4.3.2　采样与实验

(1)样品采集

土样的采集以煤矸石层上覆土厚度为依据,分取不同覆土厚度的表层土壤作为研究对象,采样时间为 2015 年 11 月。实验小区及采样点的分布同土壤呼吸现场监测实验,每个实验小区按对角线法选取 5 个采样点作为重复样点,空白组(K)为无煤矸石充填的自然覆盖土壤,采样时去除土壤表层枯枝落叶,每点取足量样品用密封袋密封保存,做好标记。以 D 和 P 分别代表东辰生态园、潘一矿生态修复区,用 a、b、c、d、e 分别表示覆土厚度为 0~20cm、20~40cm、40~60cm、60~100cm、>100cm 的采样小区。实验采集了 Db、Dc、Dd、De 和 Pa、Pb、Pc 等 7 种样品进行了培养实验分析。

(2)实验方法

人工挑出土样中残余的植物枯枝落叶,同时将土样分为两个部分,一部分用于土壤理化性质及养分含量的测定,主要测定含水量、pH、容重、土壤有机碳、土壤可溶性有机碳、土壤微生物生物量碳等指标。另一部分土样置于 4℃ 条件下保存从进行培养实验,进行培养实验前需将土样置于恒温培养箱中培养一周,恒温箱设置为当天取样时的温度,以便使土样恢复到常温状态。土壤含水量、pH、容重和有机碳测定方法同上。

　　培养实验装置如图 4-14 所示，外部为 500mL 广口瓶，里面为小玻璃瓶（医用青霉素小药瓶）。实验前取相当于风干土样 50g 的新鲜土样平铺于广口瓶底部，小玻璃瓶内装入 0.1mol/L NaOH 溶液 10mL，用于吸收土壤有机碳矿化释放的 CO_2 气体，小玻璃瓶用细绳拴住悬挂于广口瓶内部，广口瓶瓶口用保鲜袋密封。将处理好的装置置于恒温培养箱中培养，培养箱温度设置为 25℃，培养瓶在放置 1d、3d、5d、9d、16d、23d 和 30d 后取出碱液（取出后加入新的碱液以保证实验的连续性），加入酚酞溶液 2～3 滴后用 0.05mol/L HCl 溶液滴定剩余的 NaOH 溶液，实验设两个对照 K1、K2（对照组即广口瓶内无土壤，其他处理同实验组）。

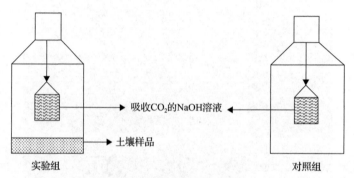

图 4-14　土壤有机碳矿化实验装置图（吴建国等，2004）

（3）数据处理

　　培养过程中 CO_2-C 的释放量采用下式计算（杨继松等，2008）：

$$CO_2\text{-}C = \frac{(V_0 - V) \times C_{HCl}}{2} \times 44 \times \frac{12}{44} \times \frac{1}{m} \times 1 \qquad (4\text{-}3)$$

式中，CO_2-C 为培养期间土壤有机碳矿化释放量（mg C/kg）；V_0 为空白标定时消耗的盐酸体积（mL）；V 为实验组样品滴定时消耗的盐酸体积（mL）；C_{HCl} 为标准盐酸浓度（mol/L）；m 为土样风干质量（g）。

　　由于本实验有机碳矿化培养时间为 30d，培养时间较短，故可用一级矿化动力学方程来拟合：

$$y = C_0 \times \left(1 - e^{-kx}\right) \qquad (4\text{-}4)$$

式中，y 为 x 时有机碳的累积矿化量（mg C/kg）；C_0 为潜在矿化量（mg C/kg）；k 为矿化速率常数（d^{-1}）；x 为培养时间（d）。

4.3.3　有机碳矿化的动态特征

（1）土壤有机碳矿化速率变化

本实验中有机碳矿化培养实验持续时间为 30d，培养箱温度设置为 25℃，培养瓶在放置第 1d、3d、5d、9d、16d、23d、30d 时取出碱液进行酸碱中和实验滴定（取出碱液后要迅速放入新的碱液以保证实验的连续性），将每个时间段标记为 T_1(1d)、T_2(2～3d)、T_3(4～5d)、T_4(6～9d)、T_5(10～16d)、T_6(17～23d) 和 T_7(24～30d)，通过剩余 NaOH 溶液的量计算该时间段内土壤有机碳矿释放的 CO_2 量，从而得出研究区表层土壤有机碳的矿化量。

　东辰生态园和潘一矿生态修复区土壤有机碳在不同培养时间内的矿化速率见图 4-15，不同培养期土壤有机碳矿化速率总体表现出先快后慢最后趋于稳定的变化趋势，培养 16d 后矿化速率已相对较低并趋于稳定。研究区土壤有机碳矿化速率在 1d 时出现最大值，东辰生态园和潘一矿生态修复区分别为 10.79mg/(kg·d) 和 11.43mg/(kg·d)，对照组为 8.67mg/(kg·d)，对照组作为正常土壤，未经过煤矸石充填复垦，拥有比较稳定的生态系统，通常情况下，对照区土壤有机碳矿化速率大于煤矸石充填复垦区，但该实验中却出现了相反的结果，究其原因可能是研究区的对照区土壤有机碳组分不同，且研究区土壤受人为扰动程度较大，可能使得活性有机碳含量较高，从而使矿化速率较高。参与整个矿化过程的影响因素有很多，如温度、水分、植被类型、有机碳含量、微生物种类和活性以及土壤营养状况等，任一影响因素的差异都有可能表现在土壤有机碳矿化速率和累积矿化量的差异上。

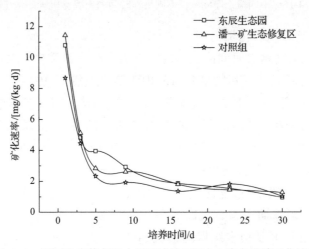

图 4-15　不同生态修复区在不同培养时间内土壤有机碳矿化速率

　东辰生态园和潘一矿生态修复区不同覆土厚度区在不同培养时间内土壤有机碳矿化速率变化趋势见图 4-16。由图可见，实验初期，东辰生态园不同覆土厚度区表层土壤有机碳矿化速率大小关系总体表现为：Dd＞Db＞De＞Dc，最高值出现在 60～100cm 区，对应的矿化速率为 10.98mg/(kg·d)，之后下降幅度随时间的推移逐渐下降，幅度大小表现为：Dc＞De＞Dd＞Db；实验中期，各覆土厚度区土壤有机碳矿化速率大小关系表现为：Dd＞Db＞De＞Dc，与实验初期不同覆土厚度区土壤有机碳矿化速率大小关系基本保持一致；实验后期，土壤有机碳矿化速率持续缓慢下降并逐渐趋于稳定，此时 Db、Dc、Dd 和 De 区表层土壤矿化速率分别为 0.93mg/(kg·d)、0.70mg/(kg·d)、0.83mg/(kg·d) 和 0.84mg/(kg·d)。潘一矿生态修复区在实验进行 1d 时，覆土厚度为 20～40cm 区土壤有机碳矿化速率为 12.51mg/(kg·d)，是所有实验组中的最高值，当矿化速率趋于稳定时，Pa、Pb 和 Pc 组土壤有机碳矿化速率分别为 1.21mg/(kg·d)、1.28mg/(kg·d) 和 11.43mg/(kg·d)。研究区土壤有机碳矿化速率与覆土厚度之间并没有在数值上表现出一定的规律性。

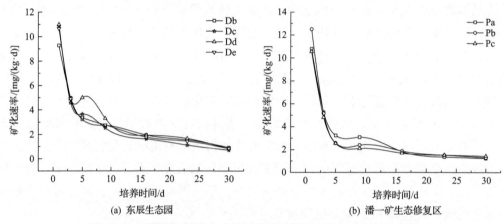

图 4-16　不同覆土厚度区在不同培养时间内土壤有机碳矿化速率

(2) 土壤有机碳累积矿化量

不同研究区在不同培养时间内土壤有机碳累积矿化量及变异系数见表 4-16。为了更直观地看到不同研究区在不同培养时间内土壤有机碳累积矿化量的变化趋势，作图 4-17：由图可知，研究区土壤有机碳累积矿化量与培养时间呈指数关系增加。实验初期（1～9d），东辰生态园和潘一矿生态修复区土壤有机碳累积矿化量分别为 39.99mg/kg 和 37.75mg/kg，约占培养期土壤有机碳累积矿化总量的 57% 和 54%，实验中期（10～23d），土壤有机碳累积矿化量的增长趋势逐渐减缓，培养 23d 时对应的东辰生态园和潘一矿生态修复区土壤有机碳累积矿化量分别为 63.84mg/kg 和 60.56mg/kg，约占培养期土壤有机碳累积矿化总量的 91% 和 87%，16～30d，土壤有机碳累积矿化量基本呈稳定缓慢的增长趋势。

表 4-16　不同研究区在不同培养时间内土壤有机碳累积矿化量及变异系数

研究区	培养时间/d	均值/(mg/kg)	最大值/(mg/kg)	最小值/(mg/kg)	变幅/(mg/kg)	变异系数/%
东辰生态园	1	10.79	12.33	8.07	4.26	12.84
	3	20.44	21.93	18.15	3.78	7.54
	5	28.31	32.55	24.88	7.67	9.38
	9	39.99	46.10	36.26	9.84	8.93
	16	53.08	62.37	48.51	13.86	9.01
	23	63.84	78.57	56.37	22.20	11.28
	30	70.44	91.53	60.51	31.02	13.98

研究区	培养时间/d	均值/(mg/kg)	最大值/(mg/kg)	最小值/(mg/kg)	变幅/(mg/kg)	变异系数/%
潘一矿生态修复区	1	11.43	14.13	9.45	4.68	13.11
	3	21.66	25.89	16.89	9.00	12.06
	5	27.31	38.71	19.63	19.08	18.18
	9	37.75	59.66	24.88	34.78	24.08
	16	50.42	81.13	30.04	51.09	26.26
	23	60.56	95.41	34.18	61.23	27.52
	30	69.53	110.05	39.58	70.47	28.07

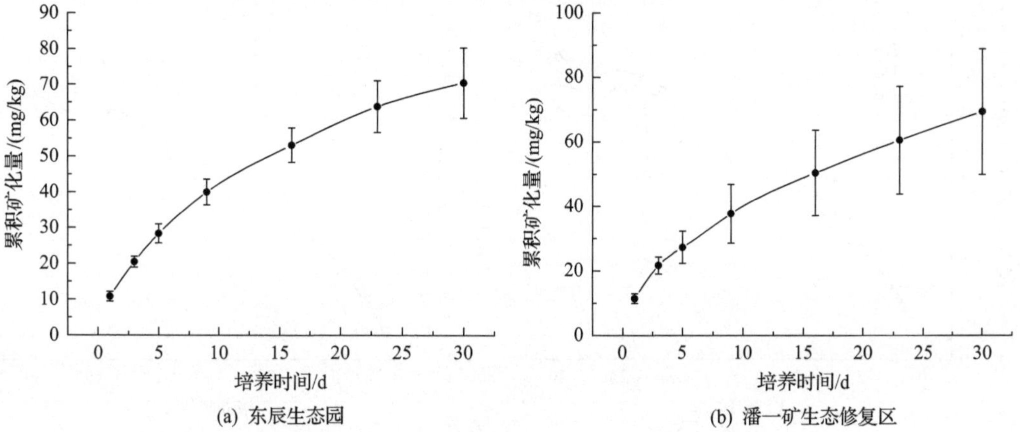

图 4-17　不同研究区在不同培养时间内土壤有机碳累积矿化量

　　在整个实验培养阶段，东辰生态园和潘一矿生态修复区土壤有机碳累积矿化总量分别为 70.44mg/kg 和 69.53mg/kg，累积矿化率分别为 1.84% 和 1.90%。已有研究结果表明，土壤有机碳累积矿化量与有机碳含量之间存在显著正相关关系，本研究中研究区土壤有机碳累积矿化量与有机碳含量之间符合这一结论，但东辰生态园在 30d 的累积矿化率小于潘一矿生态修复区，这表明土壤有机碳含量并不是影响土壤有机碳累积矿化量的唯一因素，东辰生态园土壤植被类型为草地，潘一矿生态修复区植被类型为乔木，生长茂盛，物种丰富度优于东辰生态园，生态系统比较稳定，能够为土壤中参与有机碳矿化过程的微生物提供稳定的物质基础和能量来源，这可能是造成这种现象的主要原因，本研究中土壤有机碳矿化速率及累积矿化量差异较小，可以忽略。

　　研究区不同覆土厚度区在不同培养时间内土壤有机碳累积矿化量的变化趋势见图 4-18。由图可知，不同覆土厚度区累积矿化量变化趋势基本一致，东辰生态园不同覆土厚度区土壤有机碳累积矿化量大小关系表现为：Dd＞De＞Db＞Dc，累积矿化量分别为 74.79mg/kg、74.23mg/kg、67.56mg/kg 和 61.40mg/kg，与对应研究区土壤有机碳含量表现出相同的大小关系，累积矿化率分别为 1.38%、1.69%、1.98% 和 4.09%，覆土厚度为 60～100cm 区土壤有机碳累积矿化率最低，而在实际监测过程中，该区土壤有机碳含量及累积矿化量均处于最高值，累积矿化率可以作为评价土壤有机碳固存能力的一项重要指标，该值越高，土壤有机碳矿化程度越高，库存越少，反之库存越多，该研究符合这一结论。潘一矿生态修复区不同覆土厚度区土壤有机碳累积矿化量大小关系为：Pa＞Pc＞Pb，累积矿化量分别为 70.64mg/kg、70.10mg/kg 和 66.16mg/kg，累积矿化率分别为 1.97%、2.78%和 1.54%，该研究区中土壤有机碳含量最高的区域有机碳累积矿化量及累积矿化率均处于最低值，这表明该区土壤生态系统已处于相对较稳定的状态，土壤中有机碳库存程度优于东辰生态园。土壤有机碳累积矿化量与有机碳含量及累积矿化率之间存在显著相关性，与前人研究结论一致（李顺姬等，2010），但与覆土厚度之间并未表现出明显的规律性。

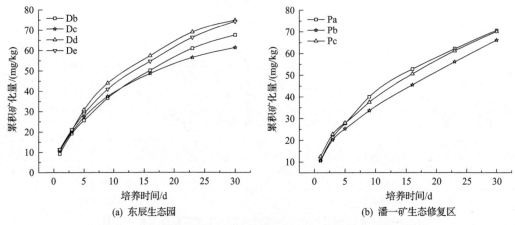

图 4-18　不同覆土厚度区在不同培养时间内土壤有机碳累积矿化量

有研究认为（史学军等，2009）：土壤有机碳矿化包括两个过程：快速分解过程和缓慢分解过程，土壤有机碳累积矿化量与矿化速率之间的变化趋势可以用乘幂曲线模型（$Y = b_0 \times X^{b_1}$）来表示。研究区土壤有机碳在培养期间的矿化特征曲线拟合方程见表 4-17，拟合程度非常高。

表 4-17　培养期间有机碳矿化特征曲线拟合方程

研究区	拟合方程	决定系数（R^2）
D	$Y=82.474X^{-0.822}$	0.9632
P	$Y=79.86X^{-0.817}$	0.9757
Db	$Y=80.435X^{-0.915}$	0.9575
Dc	$Y=59.209X^{-0.665}$	0.9550
Dd	$Y=86.76X^{-0.774}$	0.8951
De	$Y=78.689X^{-0.79}$	0.9654
Pa	$Y=84.83X^{-0.847}$	0.9760
Pb	$Y=71.08X^{-0.785}$	0.9505
Pc	$Y=77.608X^{-0.806}$	0.9365

注：Y 为有机碳累积矿化量（mg/kg），X 为培养时间（d）

(3)土壤有机碳矿化过程动力学模拟

由于该实验培养时间为 30d,周期较短,土壤有机碳矿化成分主要为活性有机碳,因此根据国内研究成果可用一级矿化动力学方程来模拟,见式(4-4)。

不同研究区土壤有机碳一级矿化动力学方程拟合参数结果及 C_0/SOC 值见表 4-18,拟合效果较佳($R^2>0.95$)。东辰生态园和潘一矿生态修复区土壤有机碳潜在矿化量分别为 72.596mg/kg 和 70.361mg/kg,大小关系和有机碳含量及实际累积矿化量相同,这表明土壤有机碳矿化量的大小在很大程度上取决于土壤有机碳含量。作为采煤塌陷区充填重构土壤,两者土壤有机碳潜在矿化量相同,均为 1.9%,而东辰生态园土壤有机碳累积矿化率为 1.84%,略低于潘一矿生态修复区,这使得在长期的生态修复过程中东辰生态园土壤有机碳含量高于潘一矿生态修复区。

表 4-18 不同研究区土壤有机碳一级矿化动力学方程拟合参数及 C_0/SOC 值

研究区	拟合参数			C_0/SOC/%
	C_0	k	R^2	
D	72.596	0.0936	0.9914	1.9
P	70.361	0.0924	0.9812	1.9
Db	71.412	0.0846	0.9925	2.1
Dc	61.255	0.1134	0.9895	4.1
Dd	77.388	0.0958	0.9941	1.4
De	76.988	0.0886	0.9897	1.8
Pa	71.702	0.0948	0.9885	2.0
Pb	67.921	0.0830	0.9744	1.6
Pc	70.438	0.0943	0.9748	2.8

在培养的 30d 内,一级矿化动力学方程很好地描述了研究区土壤有机碳矿化过程($R^2>0.95$)。各区土壤有机碳的潜在矿化量均超过 60mg/kg,东辰生态园不同覆土厚度区土壤有机碳潜在矿化量大小关系为:Dd>De>Db>Dc,与实际累积矿化量表现出相同的大小关系,覆土厚度较薄的区域土壤有机碳潜在矿化量低于覆土厚度较厚的区域,即覆土厚度大于 60cm 区域土壤有机碳潜在矿化量高于覆土厚度低于 60cm 区域,但在潘一矿生态修复区中土壤覆土厚度均小于 60cm,所以并未发现该规律,产生这种差异的原因可能是覆土厚度较厚区底部煤矸石对表层土壤理化性质、孔隙结构、微生物种类和活性及土壤中养分含量的影响程度低于覆土厚度较薄区,而这些因素又是影响土壤有机碳含量的主要因素,土壤有机碳含量的多少显著影响其矿化量的大小。此外,东辰生态园和潘一矿生态修复区相同覆土厚度区土壤有机碳矿化程度之间也存在一定的差异,这可能是由研究区不同的植被类型造成的,不同的植被类型其凋落物为微生物提供不同的分解基质,这是有机碳矿化过程的重要组成,也是造成土壤有机碳含量及矿化程度存在差异的主要原因。

由表 4-18 可知,覆土厚度为 60～100cm 区土壤有机碳潜在矿化量为 77.388mg/kg,为实验组中的最高值,培养结束后该区土壤有机碳累积矿化量为 74.79mg/kg,累积矿化率为 1.38%,潜在矿化率为 1.4%。土壤有机碳累积矿化率和潜在矿化率都可以作为衡量土壤有机碳固存能力的重要指标,值越高,土壤有机碳矿化能力越高,固存量越少,土壤有机碳含量和动态变化直接影响土壤的肥力状况和作物的产量。此外,土壤有机碳在很大程度上影响着土壤结构、持水性和植物有效性等,参与土壤一系列活动过程。在本研究中,覆土厚度为 60～100cm 区土壤有机碳累积矿化率和潜在矿化率在所有研究区中均处于最低值,表明该区土壤中有机碳矿化程度低于其他覆土厚度区,而实际测定过程中该区土壤有机碳含量显著高于其他覆土厚度区,符合研究结论,同时也表明,60～100cm 是采煤塌陷区充填复垦时较为适宜的覆土厚度。

4.4　本章小结

1)煤矸石充填复垦地相同土壤层的有机碳含量随覆土厚度的增加而增加,在同一土壤剖面上,深度增加,有机碳含量减少。土壤活性有机碳组分分布特征与有机碳不同,覆土厚度 60～100cm 时,累积条件最优,其中可溶性有机碳含量受煤矸石层影响明显,尤其是覆土厚度 20～40cm 的采样小区。复垦 3 年后,0～5cm 土壤层有机碳含量增加 0.48g/kg,微生物生物量碳含量平均为 46.09mg/kg,可溶性有机碳含量平均为 46.86mg/kg;35～40cm 土壤层有机碳含量减少 0.91g/kg,微生物生物量碳含量平均为 45.20mg/kg,可溶性有机碳含量平均为 37.43mg/kg。与其他区域复垦土壤相比,土壤碳库的恢复状况不佳。微生物生物量碳含量与复垦土壤 pH、容重呈显著负相关关系 ($P < 0.01$),可溶性有机碳含量与两者均呈极显著正相关关系,土壤含水量对活性有机碳组分的作用不显著。而复垦土壤有机碳与 pH、含水量和容重均呈极显著相关关系,其含量随 pH 和容重的增加而增加,随含水量的增加而减少。

2)潘集矿区(煤矸石充填复垦区)土壤有机碳含量为 (5.61±0.18)g/kg(平均值+标准误差),土壤微生物生物量碳含量为 (66.07±2.17)mg/kg,土壤可溶性有机碳含量为 (50.95±1.23)mg/kg,土壤容重为 (1.80±0.02)g/cm³,pH 为 7.73±0.01,土壤含水量为 (18.35±0.29)%,黏粒含量为 (27.15±0.53)%。东辰生态园和潘一矿生态修复区的表层土壤有机碳含量均低于相应的自然土壤。

3)就土壤有机碳含量季节变化而言,东辰生态园全年变化趋势为 7 月>9 月>5 月>11 月>次年 1 月>3 月,潘一矿生态修复区为 7 月>3 月>5 月>9 月>次年 1 月>11 月;就覆土厚度而言,不同覆土厚度复垦土壤有机碳含量为 4.49～6.53g/kg,覆土较薄的地块(0～20cm)有机碳含量最高为 6.53g/kg,分别比覆土 20～40cm、40～60cm、60～40cm、80～100cm 的地块高出 23.91%、2.35%、26.31%、45.43%,这可能是植被类型对复垦区土壤有机碳的影响大于覆土厚度所导致的。

4)不同植被类型土壤有机碳含量与土壤理化性质的相关性存在一定的差异。东辰生态园(草地),土壤有机碳含量与土壤含水量呈显著负相关($P<0.05$),与土壤容重、pH 和粉粒含量呈负相关($P>0.05$),而与土壤砂粒含量和黏粒含量呈正相关($P>0.05$)。

5)0～20cm 覆土厚度下土壤有机碳含量与土壤容重呈极显著负相关($P<0.01$),与土壤含水量和黏粒含量均存在显著负相关($P<0.05$),与其他理化指标相关性不明显($P>0.05$);20～40cm 覆土厚度下土壤有机碳含量与土壤容重呈显著正相关($P<0.05$),与土壤砂粒含量和粉粒含量呈极显著相关($P<0.01$),与其他理化性质的相关性不显著($P>0.05$);40～60cm 覆土厚度下土壤有机碳含量与土壤 pH、砂粒含量和黏粒含量呈极显著正相关($P<0.01$),与土壤含水量呈正相关($P>0.05$),与土壤容重呈负相关($P>0.05$);60～80cm 覆土厚度下土壤有机碳含量仅与土壤砂粒含量呈极显著负相关($P<0.01$),与土壤含水量和粉粒含量呈负相关($P>0.05$),而与土壤容重、pH 和黏粒含量呈正相关($P>0.05$);80～100cm 覆土厚度下土壤有机碳含量与土壤含水量、砂粒含量和粉粒含量呈显著相关($P<0.01$)。

6)不同培养期间,重构土壤有机碳矿化速率及累积矿化量的增长表现出先快后慢最后趋于稳定的变化趋势,在整个培养期间,东辰生态园土壤有机碳矿化速率略高于潘一矿生态修复区,但累积矿化量低于潘一矿生态修复区,研究区土壤有机碳矿化速率均高于对照区;可用乘幂曲线模型来模拟研究区及不同覆土厚度位置土壤有机碳累积矿化量与矿化速率之间的关系,拟合程度较高。应用一级矿化动力学方程来模拟土壤有机碳矿化过程,结果表明,不同研究区土壤有机碳累积矿化量和潜在矿化量与土壤有机碳含量呈显著正相关。研究区土壤有机碳的矿化速率和累积矿化量与覆土厚度之间并无显著的规律性,但覆土厚度为 60～100cm 区土壤有机碳累积矿化率和潜在矿化率均处于最低值,有利于土壤碳固存,而在实际测定中该处土壤有机碳含量处于最高值,这表明 60～100cm 为塌陷区充填复垦较为适宜的覆土厚度。

第5章 腐殖质含量变化对土壤剖面温度
与 CO_2 浓度的响应

5.1 研究区概况与研究方法

5.1.1 研究区概况

淮南市地处我国东部暖温气候带。各季气温变化较大,境内平均气温约 17.1℃,冬季平均气温 5.7℃,春季平均气温 17.1℃,夏季平均气温 27.8℃,秋季平均气温 17.6℃。年极端最高气温 39.0℃,年极端最低气温–10.4℃。全年无霜期 342d。各季度降水分布不均,年降水量 1048.4mm。年日照时数 1806.1h。灾害天气主要包括暴雨、高温、雾霾等,对区域正常的生产和生活产生一定程度的影响。

潘集区于 1972 年建区,位于淮南市北部,北临茨淮新河,南濒淮河。图 5-1 为潘集区 2017 年各月平均气温值,最高气温主要集中在 7 月,整个年份呈现正态分布趋势。潘集区面积 590km²,是全市面积最大的区。潘集区具有丰富的煤炭和电力资源,已探明煤炭储量 144 亿 t,境内有七大煤矿、三大电厂和安徽(淮南)现代煤化工园区等,为华东第一煤电大区,是淮南煤电化三大基地建设的主战场。针对潘集区采煤沉陷区,特别是大面积的沉陷水域,潘集区因地制宜引进光伏发电项目,积极探索"渔光互补"新模式,把沉陷区变成了绿色能源基地。

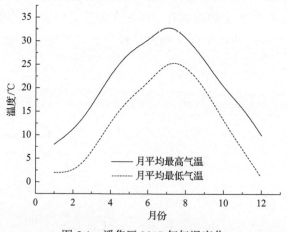

图 5-1 潘集区 2017 年气温变化

本研究选取安徽省淮南市潘集区潘一矿生态修复区为现场研究区域,同时选取附近的自然农林地作为现场研究对照区。

潘一矿生态修复区先前为采煤沉陷区，2005 年成为由安徽省国土资源厅(现安徽省自然资源厅)和淮南矿业(集团)有限责任公司实施完成的国家矿山地质环境治理项目。修复区采用煤炭开采产生的固体废弃物煤矸石作为基质充填复垦，上覆自然表土。研究小区总面积约 54000m²。根据国际制土壤质地分类，修复区土壤为粉壤土。潘一矿生态修复区植被群落结构为乔灌草三个层次。据样地调查结果(邱汉周，2012)，淮南市潘集矿区植物有 97 种，隶属 37 科 79 属。

5.1.2　研究方法

研究方法涉及现场调查及采样方法、室内模拟实验方法。现场调查及采样方法主要包括植被类型及覆土厚度调查、采样方法等。室内模拟实验方法主要包括实验台搭建、土柱填充、过程控制等。

1. 现场调查及采样方法

(1)植被类型及覆土厚度调查

基于网格布点法，采用简易取土钻对整个复垦区的覆土厚度进行现场调查，确定研究区域覆土厚度分布状况。同时，对复垦区域植被类型进行调查，以确定研究区域植被类型和优势种的分布。为研究方便，将研究区覆土厚度划分为 4 个区域(表 5-1)，分别为 0～20cm(P_1)、20～40cm(P_2)、40～60cm(P_3)和 60～80cm(P_4)。将每个研究小区进一步分为几个采样小区(图 5-2)，每个采样小区采用五点取样法进行表层及剖面取样，并混合作为一个样本。

表 5-1　研究区覆土厚度与植被类型状况

研究小区	覆土厚度/cm	植被类型(优势种)
P_1	0～20	乔木(圆柏)和草本
P_2	20～40	乔木(圆柏)和草本
P_3	40～60	乔木(杨树、香樟)、灌木(香樟)、草本
P_4	60～80	乔木(杨树、香樟)、灌木(香樟)、草本

(2)采样方法

基于覆土厚度、植被种类和相应区域的面积分布状况，土壤取样采用五点取样法布点，获取表层土壤和剖面土壤，用于实验室的土壤理化性质测定。具体测定指标包括土壤容重、含水量、pH、有机碳、腐殖质组分和颗粒组成等。

2. 室内模拟实验方法

室内模拟充填所用土壤取自淮南市山南新区农田，其种植农作物为油菜。在油菜收割结束期，采集表层土壤(0～20cm)。所采集土壤的初始容重约 1.64g/cm³，含水量约 21%，土壤有机碳含量为 1.63g/kg 左右。室内充填表土选取东北大兴安岭黑土，土壤有机质含量为 18.83g/kg 左右。

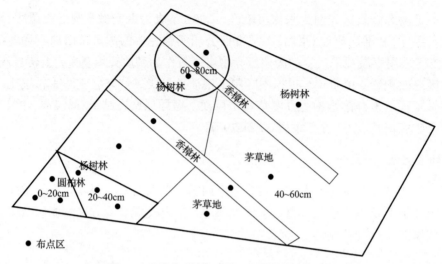

图 5-2　研究区植被、覆土厚度及采样点分布

（1）实验台搭建

采用自主研制的复垦土壤传质传热实验台（图 5-3）及复垦土壤气体梯度响应模拟实验土柱（图 5-4）相结合的方式进行土壤气热响应模拟实验。与复垦土壤传质传热实

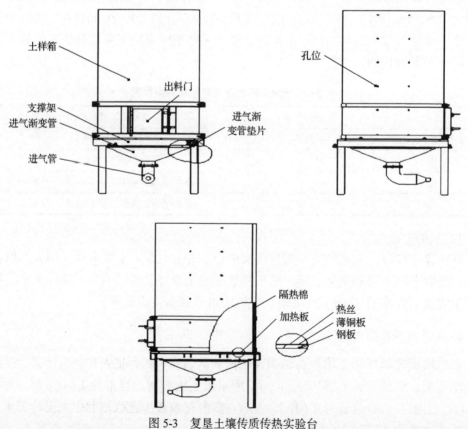

图 5-3　复垦土壤传质传热实验台

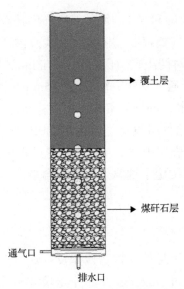

图 5-4　复垦土壤气体梯度响应模拟实验土柱

验台相连的包括温湿度数据采集集成电路控制面板和电子计算机,实现底部供热控制及剖面温湿度数据的采集与储存功能。与复垦土壤气体梯度响应模拟实验土柱相连的包括一个储存高压 CO_2 的气瓶。在气瓶出气口有一个气体流量控制器,实现定量供给 CO_2。表 5-2 为复垦土壤传质传热实验台参数。

表 5-2　复垦土壤传质传热实验台参数

结构	参数
箱体/(mm×mm×mm)	600×600×1000
隔热层厚度/mm	5
温控器控温量程/℃	100
CO_2 入口压力/MPa	1.03

(2)土柱填充

首先分离出土壤中可见的动植物残体及石砾等,适当地自然通风至土壤质量含水量在 15%左右,并全部过 1cm 筛,同时将过筛土样进行充分混合以保证土样性质的稳定均一化。实验土柱和实验台底部均填充压实 40cm 煤矸石层。煤矸石为现场研究区附近的煤矸石堆。在填充土柱时,根据土样质量含水量(15%),控制填充土柱容重为 1.45g/cm³,分层进行土样填充,用木槌进行压实。考虑到研究区土样腐殖质组分含量相对较少,表层 0～10cm 采用东北大兴安岭黑土作为表土,进行腐殖质对气热梯度响应的室内模拟实验。

(3)过程控制

复垦土壤传质传热实验台底部持续供热梯度包括常温(不供热,作为空白对照)、

40℃和60℃(分别记为 T_0、T_1 和 T_2)。每一温度梯度持续时间为60d。通过前期的供气处理预实验，确定集中供气处理的具体供气方式及供气量。气体响应实验土柱底部供气梯度包括0L/min(作为对照组)、1L/min、2L/min 和 3L/min(分别记为 CK、处理1、处理2和处理3)，每2d通气一次，每次通气5min。根据表层土壤水分蒸发状况，基本保持在每6d进行一次水分补给，实验台每次补给蒸馏水2L，实验土柱每次补给500mL，总体上每次水分补给使得表层土壤达到了田间持水量。在水分补给的过程中，均匀布施，使水分缓慢浸透表层土壤。在气热控制过程中控制实验周期内每12d对实验台和土柱进行剖面取样，测定土壤腐殖质组分含量。

5.1.3　测定方法

(1)样品预处理方法

拣出复垦区土壤样品中可见的动植物残体及石砾等土壤异物，均匀摊开于通风处自然风干。风干的土壤样品过0.25mm筛用于土壤腐殖质组分、pH和土壤有机质等测定。同时，保留一份新鲜土样，取出其中可见的动物残体和其他异物，然后迅速过筛(2~3mm)，或放在低温下(2~4℃)保存，测定土壤微生物生物量碳。

(2)腐殖质测定方法

1)腐殖质组分分组方法。腐殖质组分分组采用腐殖质组成修改法(于水强等，2005)，将腐殖质分为水溶性物质(WSS)、胡敏素(HM)和可提取腐殖物质(HE)，其中HE进一步分组为胡敏酸(HA)、富里酸(FA)，具体分组流程可简述为图5-5所示。分组所选用提取剂为0.1mol/L NaOH+0.1mol/L $Na_4P_2O_7$ 混合液。

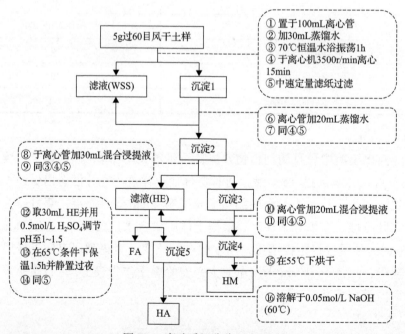

图 5-5　腐殖质组分分组流程图

2)测定方法。分别吸取 HE、HA 提取液 5mL，用 0.5mol/L H_2SO_4 和 0.1mol/L NaOH 调节 pH 为 7.0，然后进行水域蒸干处理(75℃)。残留在离心管中沉淀(HM)置于 55℃ 烘箱中烘干，之后通过 60 目筛，同土壤样品一样测定。此外，吸取 15mL WSS 蒸干 (70～80℃)测定。FA 则通过差减法进行计算，即 HE 与 HA 的差值。通过分组获取的 腐殖质各组分的有机碳均采用重铬酸钾法进行测定。本书中腐殖质组分含量均以其所 含有机碳的量表征。

$$OC = \frac{c \times (V_0 - V) \times 10^{-3} \times 3.0 \times 1.1}{m} \times 1000 \tag{5-1}$$

式中，OC 为有机碳(g/kg)；c 为 0.5mol/L $FeSO_4$ 标准溶液的浓度；V_0 为空白滴定所用 $FeSO_4$ 体积(mL)；V 为样品滴定所用 $FeSO_4$ 体积(mL)；1.1 为氧化校正系数；3.0 为 1/4 碳原子的摩尔质量(g/mol)；10^{-3} 为将 mL 换算为 L 的系数；m 为样品质量。

3)腐殖质组分吸光度值测定。采用 PhotoLab 6100(VIS 可见光)，比色皿光程为 10mm。腐殖质组分的光学表征指标包括 PQ 和光密度值(E_4/E_6)。其中 PQ 是指 HE 中 HA 所占比例。E_4/E_6 是指腐殖质组分提取液在波长 465nm 和 665nm 处吸光度的比值。

(3)土壤微生物生物量碳测定

土壤微生物生物量碳测定采用氯仿熏蒸法，具体步骤如下：

1)熏蒸处理。

2)浸提。称取与步骤 1)类似的三份新鲜土样，将熏蒸处理和未熏蒸处理的共六 份土样分别全部转移到锥形瓶中，并加入 0.5mol/L K_2SO_4 溶液(土水比为 1∶5)，振 荡浸提 30min，使得土壤振荡完全，之后通过中速滤纸过滤获取浸提液。

3)消煮处理。准确吸取浸提液(10mL)并加入重铬酸钾溶液[$c(1/6K_2Cr_2O_7)$= 0.2000mol/L，5.00mL]和浓硫酸(5mL)进行消煮处理。之后采用标定后的硫酸亚铁溶 液滴定获取结果。土壤微生物生物量碳测定公式如下：

$$SMBC = 2.64 \times \frac{c \times (V_0 - V_1) \times 10^3 \times 3 \times t_s}{DW} \tag{5-2}$$

式中，SMBC 为土壤微生物生物量碳(mg/kg)；V_0 为未熏蒸土样所消耗的 $FeSO_4$ 体积 (mL)；V_1 为熏蒸样品所消耗的 $FeSO_4$ 体积(mL)；c 为 $FeSO_4$ 溶液的浓度(mol/L)；3 为碳(1/4C)的毫摩尔质量，M(1/4C)=3mg/mmol；10^3 为转换为 kg 的系数；t_s 为分取倍 数，即浸提液和土中原有水的体积和与吸取液的体积之比；DW 为土壤的烘干质量(g)。

(4)土壤 CO_2 通量测定

采用静态气室碱液吸收法(闫美杰等，2010)，根据研究区覆土厚度分布，分别在 0～20cm、20～40cm、40～60cm 和 60～80cm 四种覆土厚度区域选取适宜点位测定土 壤 CO_2 通量。

（5）土壤剖面温度测定

采用便携式土壤温度计，人工插入不同深度测定相应的温度数据。

（6）土壤含水量测定

采用便携式土壤湿度计现场测定土壤湿度数据，并用铝盒采集土壤样品，带回实验室 105℃烘干 8h 称重计算土壤含水量。

（7）pH 测定

采用 pHS-3C 型 pH 计，浸提剂为蒸馏水，土水比为 1∶5。

（8）土壤的颗粒组成测定

采用 RISE-2006 激光粒度分析仪（济南润之科技有限公司）分析土壤的颗粒组成及土壤类型。

（9）剖面 CO_2 浓度测定

室内模拟煤矸石充填重构剖面，CO_2 浓度测定采用泵吸式 CO_2 检测仪（RA2000-CO_2，深圳瑞安电子科技有限公司）。

5.2 煤矸石充填复垦土壤理化性质空间分布

5.2.1 复垦土壤理化性质

1. 土壤物理性质

（1）土壤含水量

在剖面上，深层土壤含水量大于浅层（图 5-6）。这与自然土壤剖面性质表现一致。在 0～20cm 剖面上，覆土厚度 40～80cm 区域土壤质量含水量高于覆土厚度 0～40cm

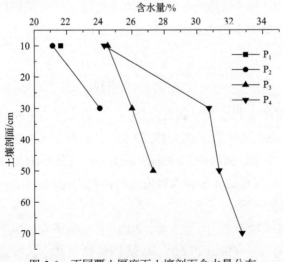

图 5-6　不同覆土厚度下土壤剖面含水量分布

区域。这主要是因为煤矸石充填复垦土壤底部煤矸石充填基质孔隙度较大,在覆土厚度较薄区域,覆土层对土壤的持水能力降低。

　　在覆土厚度较薄区域会明显出现较大的土壤裂隙(图 5-7),土壤中的水分难以维持而蒸发或下渗。有研究表明(潘德成等,2014),自然农田或林地土壤水分的水平及剖面分布较为均匀稳定,且在剖面上的变化是平缓的。而煤矿复垦区土壤含水量的变异性较大,表层土壤含水量变异系数为 34%,主要是由覆土厚度和剖面土壤结构异质性决定的。

图 5-7　覆土厚度 0~20cm 区域

　　(2)土壤容重

　　通过对不同覆土厚度区域表层(0~20cm)土壤取样测定,土壤容重大小关系(按覆土厚度)为 20~40cm($1.58g/cm^3$)>40~60cm($1.54g/cm^3$)>0~20cm($1.52g/cm^3$)>60~80cm($1.37g/cm^3$)(表 5-3)。一般农业壤质土壤容重为 $1.1~1.2g/cm^3$,紧实无结构的犁底层容重可达 $1.4~1.6g/cm^3$(孙纪杰等,2014)。

表 5-3　研究小区表土容重分布

研究小区	P_1	P_2	P_3	P_4
容重/(g/cm^3)	1.52	1.58	1.54	1.37

　　本研究区土壤容重普遍偏大,容重接近自然农田犁底层土壤容重。土壤容重偏大影响草本植物生长,随着容重增大,根系和地上部生物量下降,植物根体积密度与根表面积均减小,根冠比降低,而平均直径增大。因此,研究区土壤容重偏大可能为限制人工修复及自然恢复进程的主要因素之一。

2. 土壤 pH

复垦区土壤 pH 为 7.26~7.95，呈偏碱性。表层（0~20cm）土壤 pH 存在差异，表现为覆土厚度区 40~60cm（P_3）>20~40cm（P_2）>0~20cm（P_1）>60~80cm（P_4）（图 5-8）。在整个覆土剖面上，土壤 pH 随深度加深有逐渐增大的趋势。对照区表层（0~30cm）土壤 pH 弱酸性，均小于复垦区相应剖面。在 30~80cm，pH 呈碱性，与对照区相应剖面无显著差异。

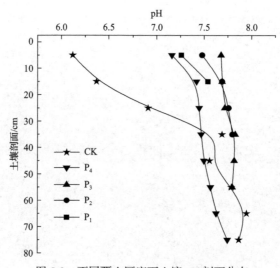

图 5-8　不同覆土厚度下土壤 pH 剖面分布

同在淮南市潘集区的另一研究区研究结果（陈孝杨等，2016）显示，土壤偏碱性（7.1~7.8），不同覆土厚度条件下土壤 pH 存在差异性，这与本研究区 pH 分布情况类似。蔡毅（2015）研究发现，潘一矿风化煤矸石堆上下两层煤矸石（小于 2mm 粒组）的 pH 均呈碱性，上层煤矸石的 pH 均小于下层，随着采样区风化年限的增加，煤矸石 pH 不断降低。复垦区剖面土壤，特别是表层土壤可能受到碱性煤矸石充填基质的影响。这种影响可能是煤矸石微粒与剖面土壤的混合作用。同时，表层土壤的 pH 虽呈现碱性，但均大于下层土壤。潘一矿沉陷区实施生态修复工程超过十年，表层土壤与外界环境接触紧密，如煤矸石随风化年限 pH 逐渐降低，作为充填基质，对上覆土壤的酸碱度将产生一定的影响。

3. 土壤有机碳

（1）不同覆土厚度下土壤有机碳含量剖面分布特征

研究区土壤有机碳在覆土厚度 0~20cm 区域表层（0~20cm）土壤中的含量显著高于覆土厚度 20~80cm 区域，而覆土厚度为 60~80cm、40~60cm、20~40cm 三个区域的土壤有机碳含量差异不显著（图 5-9）。覆土厚度 20~80cm 区域土壤表层（0~10cm）土壤有机碳含量高于其他土壤层（10~80cm），在其他土壤剖面上分布较均匀。而对照区土壤有机碳在整个土壤剖面(0～80cm)上分布较为显著,随剖面深度增加而逐渐降低。在 0～40cm 剖面上,对照区土壤有机碳含量显著高于研究区。

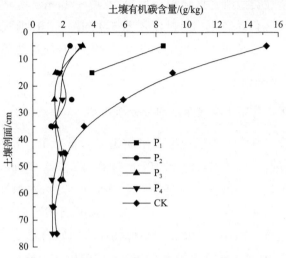

图 5-9　不同覆土厚度下土壤有机碳含量剖面分布

覆土厚度对土壤有机碳含量的影响主要表现在覆土厚度 0～20cm 区域,可能是因为覆土厚度较薄区域与煤矸石基质有所混合,自然风化的煤矸石中有机碳含量高于表层覆土(李博等,2016)。

(2)不同植被下土壤有机碳含量剖面分布特征

在不考虑覆土厚度对土壤有机碳含量的影响时,从矿区植被类型分布来看,在整个覆土剖面上,有机碳含量随深度逐渐减少(图 5-10)。在 0～30cm 剖面上,有机碳含量按植被类型大小顺序为:圆柏>杨树+草本>香樟+草本>杨树+白茅>香樟+白茅。

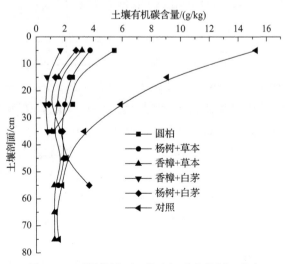

图 5-10　不同植被下土壤有机碳含量剖面分布

在有些关于植被类型对土壤碳库影响的研究中，并没有把植被对土壤碳库的影响单独与其他影响因子分离出来（杨渺等，2007）。本研究中，植被圆柏所在区域覆土厚度为 0～40cm，其他植被类型所在区域覆土厚度为 40～80cm，其中覆土厚度 60～80cm 区域植被类型为香樟和低矮草本。通过比较图 5-9 和图 5-10，明显发现覆土厚度对土壤有机碳含量的影响弱于植被对土壤有机碳含量的影响（周育智等，2016）。

5.2.2 腐殖质空间分布规律

1. 不同覆土厚度条件下土壤腐殖质组分分布规律

表 5-4 为不同覆土厚度下表层土壤腐殖质组分含量分布。水溶性物质有机碳在不同覆土厚度区存在差异，除 P_1 区的 0～10cm 和 P_3 区的 10～20cm 样品外，表土水溶性物质随覆土厚度的增加而增加。在剖面 10～20cm，P_4 区水溶性物质有机碳最高，进一步说明 P_1 区靠近煤矸石山，受地面残留风化煤矸石的影响，P_1 区 0～10cm 水溶性物质有机碳含量最大，而 10～20cm 水溶性物质有机碳含量受风化煤矸石的影响较小。总的来说，剖面 0～10cm 可溶性有机碳稍大于 10～20cm 处。

表 5-4　不同覆土厚度下表层土壤腐殖质组分含量　　　（单位：g/kg）

取样深度/cm	研究小区	覆土厚度/cm	WSS	HA	FA	HE	HM	PQ	E_4/E_6
0～10	P_1	0～20	0.13	0.48	0.52	1.01	5.23	0.48	4.39
	P_2	20～40	0.02	0.28	0.37	0.65	2.33	0.43	5.59
	P_3	40～60	0.05	0.25	0.45	0.70	2.38	0.36	4.88
	P_4	60～80	0.09	0.19	0.44	0.63	2.46	0.30	4.89
10～20	P_1	0～20	0.06	0.13	0.59	0.52	3.96	0.25	4.6
	P_2	20～40	0.09	0.32	0.13	0.42	1.76	0.76	4.22
	P_3	40～60	0.03	0.33	0.26	0.59	1.76	0.56	3.74
	P_4	60～80	0.12	0.30	0.19	0.30	1.64	0.61	3.61

HA 含量在剖面 0～10cm 的大小关系为 $P_1 > P_2 > P_3 > P_4$，而在剖面 10～20cm 则表现为 $P_3 > P_2 > P_4 > P_1$。HE 包括 HA 和 FA，剖面 0～10cm HE 在 P_1 区显著大于其他覆土厚度区，而在剖面 10～20cm，各覆土厚度区差异不显著。P_1 区表层（0～20cm）土壤 HM 显著大于 P_2、P_3 和 P_4 区，而 P_2、P_3 和 P_4 区之间差异不显著。

PQ 为 HE 中 HA 所占比例，是反映土壤有机质腐殖化程度的重要指标。结果显示，P_1 区 PQ 值在 0～10cm 剖面最高，而在 10～20cm 最低。更进一步说明，P_1 区表层土壤腐殖质各组分偏高是受地表裸露的风化煤矸石的影响，且这种影响仅限于 0～10cm 表层土壤。

HA 含量与土壤腐殖化程度密切相关，E_4/E_6 可表征其腐殖化程度或芳构化程度。就 0～10cm 表层土壤，P_2、P_3 和 P_4 区显著大于 P_1 区，说明覆土厚度较厚可能更有利于土壤腐殖质的熟化进程，在覆土较厚区域土壤剖面更为接近自然土壤剖面。地表植被生长对土壤腐殖化过程的影响受覆土厚度的影响较小。P_2 区，$0\sim10cm$ 剖面 E_4/E_6 值最大，说明其 HA 分子的芳构化程度最低。

复垦区 $0\sim10cm$ 剖面土壤腐殖质组分一般大于 $10\sim20cm$ 剖面。不考虑覆土厚度较薄区（P_1，$0\sim20cm$），覆土厚度 $20\sim40cm$、$40\sim60cm$ 和 $60\sim80cm$（P_2、P_3 和 P_4 区）区域之间表层（$0\sim20cm$）剖面腐殖质组分含量较接近。说明建立地上植被重建的生态系统，覆土厚度对表层土壤腐殖质组分含量的影响有所减弱或不明显。潘一矿生态修复区复垦时间为 2007 年，经过区域植被与土壤剖面重建后十余年的时间演变，特别是植被重建加快了复垦区向更接近于自然生态系统的方向发展，对于表层土壤腐殖质的形成和转化起到了至关重要的作用。

不同覆土厚度下表土腐殖质组分所占比例如图 5-11 所示。从图中可以看出，HM 所占比例最高，HA 和 FA 次之，WSS 最低。不同的腐殖质组分在生态系统中的作用和功能不同，WSS 的有效性较高，能够快速地被植物根系和微生物利用。HM 最难分解，在土壤中较稳定存在，起稳定固碳作用，只有当土壤受到外界异常环境影响时，才可能引起其较快分解或转化。HA 和 FA 的稳定性则介于 WSS 和 HM 之间，在受到外界环境变化的影响时可能会相互转化或向其他腐殖质组分如 WSS 和 HM 转化，实现腐殖质组分的再分配和动态变化的平衡。

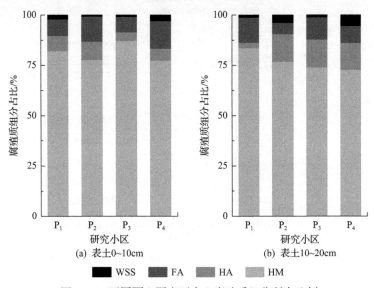

图 5-11　不同覆土厚度下表土腐殖质组分所占比例

比较表层土壤（$0\sim20cm$）WSS 在不同覆土厚度区所占比例，可以发现覆土厚度 $60\sim80cm$（P_4）区域 WSS 所占比例最大，进一步说明即使实际含量在剖面 $0\sim10cm$ 低于 P_1 区，较大的比例可在一定程度上表征在腐殖质碳库中 WSS 的有效性更高。这可能比 $60\sim80cm$ 覆土厚度区的生态环境更接近自然土壤。就剖面 $0\sim10cm$ 与 $10\sim20cm$ 土壤 WSS 所占比例进行比较，$10\sim20cm$ 略高于 $0\sim10cm$。P_1 区 HM 所占比例较高，特别是在剖面 10～20cm。此外，在剖面 0～10cm，FA 所占比例均高于 HA 所占比例，HE 中，FA 占据主导地位；而在剖面 10～20cm，除 P_1 区外，HA 占主导地位。

2. 煤矸石充填复垦土壤腐殖质剖面分布与对照区的对比分析

水溶性物质是极易被土壤中微生物和植物利用的占土壤有机碳份额极少但至关重要的有机物质。由图 5-12 可以看出，土壤水溶性物质有机碳含量在整个覆土剖面上均高于对照区。在 0～30cm 剖面上，修复区 HA 小于对照区；而在更深剖面（30～

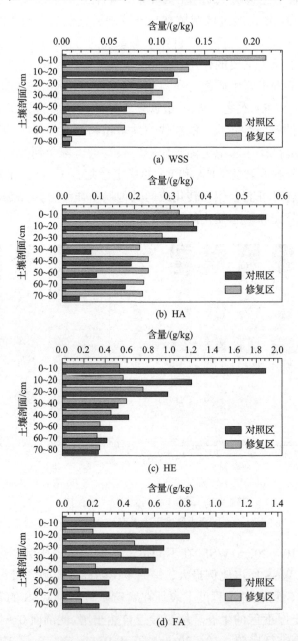

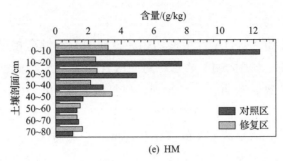

图 5-12　修复区与对照区剖面腐殖质组分对比

80cm）上，修复区 HA 大于对照区。说明，WSS 在复垦区并不限制土壤微生物及植物对碳源的摄取与利用。

　　HA 剖面变化趋势较为明显，在对照区剖面上总体趋势为随剖面深度增加而逐渐降低。而在对照区，HA 的剖面变化有所不同，剖面 0～30cm HA 含量显著大于剖面 40～80cm，且 30～80cm HA 含量差异不明显，含量较为接近；在剖面 0～30cm，对照区大于修复区，特别是在 0～10cm，对照区显著大于修复区；而在剖面 30～60cm，修复区显著大于对照区。

　　在整个剖面 0～80cm，对照区 FA 含量均大于修复区，在表层 0～20cm 达到极显著水平，在 20～80cm 达到显著水平。可见，修复区缺乏 FA 组分，这可能是修复区土壤肥力弱于自然剖面土壤的原因之一。

　　HE 包括 HA 和 FA 两个组分，是腐殖质组分中可提取部分，相对于不可提取组分 HM 活性较强。总体上，整个剖面 0～80cm，对照区高于修复区，且在表层 0～20cm 达到极显著水平，在 20～30cm 达到显著水平。

　　除剖面 40～50cm 外，在整个剖面 0～80cm 上，对照区 HM 大于修复区，且在剖面 0～30cm 上达到极显著水平，在其他剖面上差异不显著。作为腐殖质不可提取组分，HM 是土壤碳库中的惰性碳库，是土壤所具备的潜在碳库，在活性碳库不足等情况下，HM 会进一步分解转化为土壤植物和微生物提供碳源。土壤根际基本为土壤上表层，修复区 HM 显著大于对照区，而下层（30～80cm）区域 HM 并无明显差异，说明在修复区限制土壤肥力也基本位于土壤表层。

　　修复区与对照区剖面腐殖质组分的比较结果表明，自然剖面土壤和修复区土壤 HA、HE 和 HM 差异性主要体现在剖面上部表层 0～30cm 土壤，WSS 和 FA 的差异性表现在整个剖面。修复区主要缺乏表层（0～30cm）土壤 HM、HA 和 FA，而 WSS 较为富足。

　　此外，从 HE 中 HA 和 FA 的相对含量来看，修复区土壤剖面以 HA 为主，而对照区则以 FA 为主。这从一方面说明，在对照区 HE 中易变组分（FA）开始由有机层向矿质层转移，而在修复区无此现象。这从另一方面也说明，修复区土壤熟化程度弱于对照区，土壤肥力较弱。

　　HA 吸光度曲线与相应 HA 含量密切相关，即 HA 含量高相应的吸光度曲线在各波长吸光度值就越高。如图 5-13 所示，对照区各剖面 HA 吸光度曲线的相对大小与其含量的相对大小一致。然而，可以发现，修复区剖面 30～80cm 相应的 HA 吸光度曲线却低于对照区，与相应含量的相对大小关系不一致。从修复区各剖面 HA 吸光度曲线斜率也可以看出，修复区 HA 的腐殖化程度弱于对照区。

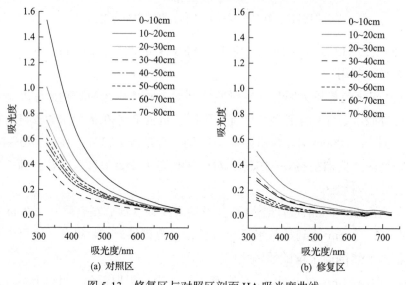

图 5-13　修复区与对照区剖面 HA 吸光度曲线

5.2.3　土壤腐殖质的影响因素分析

　　1. 不同理化性质与土壤腐殖质的相关性分析

　　土壤有机碳特别是土壤腐殖质组分与土壤理化性质有一定的关系，适宜的土壤理化性质有利于土壤腐殖质的累积，增加土壤碳库的存储。

　　本研究中，土壤理化性质仅选取了土壤容重、含水量、pH 及颗粒组成。运用 SPSS 19.0 对土壤碳库组分与土壤理化性质进行皮尔逊（Pearson）相关性分析，结果如表 5-5 所示。土壤 pH 与土壤有机碳和腐殖质组分均呈负相关，其中仅与 WSS 和 SOC 的相关性达到显著性水平。有研究表明，土壤 pH 与土壤腐殖质组成整体呈显著负相关（马云飞等，2013），而在本研究结果中这种负相关性并未达到显著性水平。本研究区土壤 pH 偏碱性，弱碱性土壤中 pH 与腐殖质组分的相关性程度可能弱于酸性土壤中 pH 与腐殖质组分的相关性程度。此外，邻近区域城市绿地可溶性有机碳与 pH 呈显著负相关（陶晓等，2011），与本修复区情况较为一致，而且达到极显著水平。

　　土壤含水量与 SOC 及腐殖质组分的相关性不显著，这可能主要是因为矿区土壤含水量时空变异性较大。研究区相较于非修复区自然土壤而言，其本身的土壤含水量较低。这种富水条件促进土壤有机碳库累积的情况较常见于湿地区域(郑姚闽等, 2013)。

容重仅与腐殖质组分中的 WSS 呈极显著正相关,与 SOC 及腐殖质其他组分的相关性不显著。有研究表明(曾天慧等, 2015),不同植被类型的自然或人工林,其土壤水溶性有机碳与土壤容重均呈显著或极显著相关,情况不同的是本研究中呈极显著正相关。此外,容重在修复区的分布相对均匀,同一修复区在避免人为活动干扰下土壤容重差异性相对不显著。

SOC 及腐殖质组分之间的相关性更加明显(表 5-5)。WSS 与 SOC 及腐殖质的其他组分之间无显著相关性,同时 HA 与 HM 之间无显著相关性。除此之外,SOC、腐殖质组分中的 HA、FA、HE 及 HM 相互之间均呈显著或极显著相关。

表 5-5　土壤腐殖质组分与土壤理化性质的相关性分析

	WSS	HA	FA	HE	HM	SOC
WSS	1					
HA	0.400	1				
FA	−0.002	0.028	1			
HE	0.205	0.609[*]	0.776[**]	1		
HM	0.240	0.267	0.718[**]	0.693[**]	1	
SOC	0.406	0.621[*]	0.610[*]	0.805[**]	0.810[**]	1
pH	−0.896[**]	−0.486	−0.309	−0.505	−0.402	−0.667[**]
含水量	0.017	−0.292	−0.048	−0.067	−0.282	−0.342
容重	0.644[**]	0.211	0.395	0.372	0.331	0.249
砂粒	−0.558[*]	0.032	−0.209	−0.206	−0.147	−0.099
粉粒	0.586[*]	0.148	−0.050	0.030	0.226	0.167
黏粒	0.190	−0.193	0.340	0.258	−0.021	−0.030

* 表示显著相关($P<0.05$),** 表示极显著相关($P<0.01$)

2. 土壤气热条件对土壤腐殖质的影响分析

不同覆土厚度下土壤地表 CO_2 通量日均值分布如图 5-14(a)所示。四个研究小区土壤地表 CO_2 通量存在差异性,其中 P_2 区土壤地表 CO_2 通量日均值为 2.57μmol/(m^2·s),并显著低于其他三个研究小区。P_1 和 P_3 区土壤地表 CO_2 通量日均值相近。而 P_4 区土壤地表 CO_2 通量日均值最大,为 5.12μmol/(m^2·s),显著高于其他三个研究小区。因此,四个研究小区土壤地表 CO_2 通量日均值大小为 $P_2<P_1≈P_3<P_4$。煤矸石充填复垦区土壤地表 CO_2 通量可能包含煤矸石充填基质中有机碳成分的化学氧化释放量,特别是覆土厚度较薄的区域。然而,该修复区复垦年限已长达十余年,覆土厚度较薄区域

土壤底部充填煤矸石基质中的有机碳成分可能已完全或大部分氧化。而对于覆土厚度较厚区域，上覆土壤达到了将底部充填煤矸石基质与空气隔绝的作用，因此底部的氧化释放气热过程可能较弱。

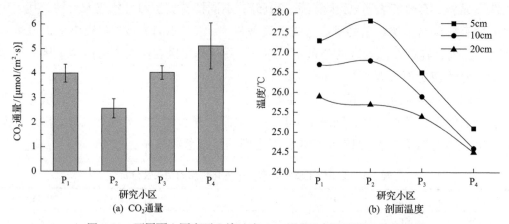

图 5-14　不同覆土厚度下土壤地表 CO_2 通量和剖面温度日均值比较

上覆土壤剖面温度在不同研究小区存在差异性[图 5-14 (b)]，在四个研究小区的不同剖面上温度随深度增加而降低。此外，在总体趋势上，随覆土厚度增加，其上覆土壤剖面温度降低。这说明，覆土厚度较薄区域上覆土壤剖面温度大于覆土厚度较厚区域。

通过前面的研究区土壤腐殖质的空间分布的研究分析可知，位于覆土厚度较薄区域（P_1）的土壤有机碳和胡敏素显著高于其他覆土厚度区域（P_2、P_3 和 P_4），此时 P_1 区土壤地表 CO_2 通量和上覆土壤剖面温度日均值均处于较高值。在覆土厚度较薄区域，底部充填煤矸石基质与大气联系较为紧密，底部充填基质煤矸石的持水性能较差，其比热容也较低，因此在同样的太阳辐射过程中，此区域底部充填煤矸石基质和上覆土壤对光能的升温响应更为敏感，同时混入上覆土壤中的煤矸石颗粒物风化作用释放了部分土壤腐殖质并在温度响应下氧化分解而产生 CO_2。比较 P_2、P_3 和 P_4 区，其表土腐殖质组分并没有像土壤地表 CO_2 通量日均值和上覆土壤剖面温度日均值一样存在显著的差异性。此外，覆土厚度较薄区域的土壤微生物生物量碳含量较低，覆土厚度较厚区域的土壤微生物生物量碳含量较高（陈敏等，2017），说明此区域土壤微生物活性并不高，P_1 区土壤地表 CO_2 通量的贡献中，土壤呼吸作用仅占一部分，有不可忽略的一部分为土壤中煤矸石基质的化学氧化过程。

因此，对于同一煤矸石充填复垦区的不同覆土厚度小区，表层土壤受到的气热过程相对复杂。表层土壤受到的气热过程主要包括：土壤本身的土壤呼吸作用（一个非生物学过程和三个生物学过程，与自然土壤相同），以及底部充填煤矸石基质和混入土壤的煤矸石颗粒物的化学氧化过程，而且煤矸石基质或颗粒物的氧化分解过程所产生的 CO_2 可能对土壤地表 CO_2 通量的贡献率更大，尤其是在覆土厚度较薄区域。表层土壤温度变化主要受底部充填煤矸石基质的化学氧化过程所释放热量，以及太阳辐射过程所吸收热量的影响。底部充填煤矸石基质的比热容较土壤低，持水性能较差，使得包括煤矸石基质在内的整个重构土壤剖面的比热容较低，尤其是底部对上覆土壤的恒温作用减弱，在相同太阳辐射强度下，土体的升温过程加快，同时也比自然土壤的温度升得更高些。

5.3　复垦土壤腐殖质氧化对 CO_2 气体的响应

土壤中 CO_2 浓度直接影响土壤微生物活动和活性，通过微生物的活动又影响土壤有机碳的氧化分解，特别是腐殖质组分中的活性组分。现有相关研究主要是通过密闭气室非原状土壤的培养方式探究不同 CO_2 浓度下有机碳的矿化或土壤腐殖质组分的形成与转化规律。

5.3.1　土壤剖面 CO_2 分布

在 CK 土壤及煤矸石剖面，如图 5-15(a)所示，35cm 和 45cm 处 CO_2 浓度为 0.1%～0.15%，高于其他剖面，说明可能煤矸石和土壤界面土壤呼吸较强烈，微生物活性较高。或者因为煤矸石层煤矸石基质孔隙明显大于土壤孔隙，与煤矸石层相近的土壤层土壤呼吸产生的 CO_2 更容易向煤矸石层扩散，从而使得煤矸石与土壤界面 CO_2 浓度较高。土壤中空气含量和组成成分影响微生物的剖面群落结构分布。微生物在土壤呼吸过程中有十分重要的地位和作用。煤矸石层 CO_2 浓度略低于上层土壤，但显著大于外界大气。表层土壤 CO_2 浓度与大气相接近，为 0.04%左右。

图 5-15(b)～图 5-15(d)分别为实验组处理中的处理 1、处理 2 和处理 3。处理 1 条件下，供气后前 16h 内，土壤剖面 25cm 处至底部煤矸石层 CO_2 浓度显著提高，均超过 0.5%，显著高于剖面 15cm 至表层土壤。在前一次供气后的 16h 至第二次供气之

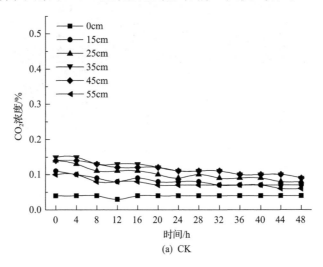

(a) CK

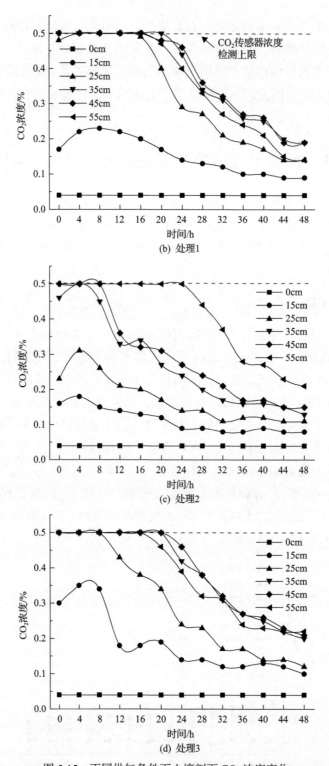

(b) 处理1

(c) 处理2

(d) 处理3

图 5-15　不同供气条件下土壤剖面 CO_2 浓度变化

间，剖面底部至 25cm 处土壤 CO_2 浓度逐渐下降，此时 CO_2 浓度仍高于剖面 15cm 至表土。

处理 2 条件下，在供气后的 8h 内，35～55cm 剖面 CO_2 浓度维持较高值，之后除 55cm 外，均出现大幅下降。就剖面 55cm 处 CO_2 浓度维持较高值的时间较处理 1 明显增长，因为煤矸石层土壤孔隙度较大，CO_2 较难通过扩散进入土壤。在整个剖面，CO_2 浓度梯度分布较均匀，形成由底部及表层土壤较均匀分布的 CO_2 浓度梯度。

处理 3 条件下，整个剖面 CO_2 浓度分布及时间变化趋势介于处理 1 和处理 2。15cm 处 CO_2 浓度在供气后的一段时间内，显著大于 CK、处理 1 和处理 2，而后表现基本一致。

更进一步地，比较接近表土层的次表层(15cm)土壤 CO_2 浓度，如图 5-16 所示，不同供气处理条件均不同程度地提高了 CO_2 浓度，特别是处理 2 和处理 3 条件下，15cm 处 CO_2 浓度显著($P<0.05$)高于 CK。

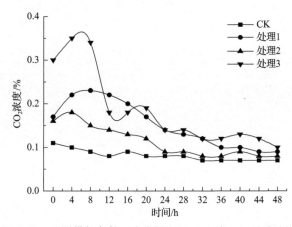

图 5-16　不同供气条件下次表层(15cm)土壤 CO_2 浓度变化

就供气处理与 CK 相比，供气处理明显提高了实验土柱剖面 CO_2 浓度，而表层土壤 CO_2 通量无显著差别，供气处理对剖面下部土壤中 CO_2 浓度的影响大于剖面上部土壤。室内模拟重构的表层土壤与大气直接接触，底部供给的 CO_2 气体通过剖面向表层土壤传输，进而排入大气中。表层土壤中 CO_2 同时受到剖面 CO_2 传输及大气 CO_2 扩散的影响。随底部供气量的提高，相应剖面上 CO_2 浓度也相应提高。

5.3.2　供气处理对土壤腐殖质组分的影响

1. 不同供气条件下土壤腐殖质组分的含量变化

水溶性物质有机碳是土壤活性碳库的一部分，具有一定的溶解性，受微生物影响强烈，在土壤中不稳定，转移快，易于被氧化分解(李凯，2006)。因此，如图 5-17 所示，水溶性物质在实验过程中变异性较大。在实验周期内，表层土壤水溶性物质有机碳有所减少，底部供气与 CK 之间无显著差异。在实验过程中，土壤水分的控制主要是通过定期定量的水分补给，所以土壤存在周期性干湿交替。这可能导致在实验周期内土壤水溶性物质有机碳起伏不定。CO_2 浓度升高会促进湿地土壤水溶性物质有机碳含量增加，而在本室内模拟实验中，CO_2 并未明显促进水溶性物质增加。在实验初期，处理 2 和处理 3 条件下，WSS 反而减少；而供气量较弱的处理 1 和 CK 条件下，WSS 增加。产生此现象的原因可能是室内模拟实验中重构土壤条件，特别是土壤水分条件与湿地条件差别很大，而且水分在取样时间点之间波动幅度也较大。

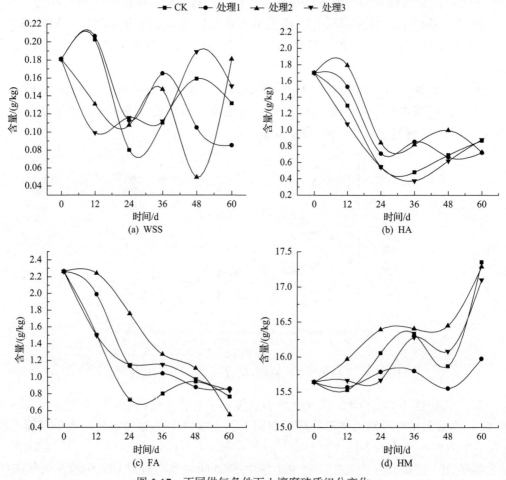

图 5-17　不同供气条件下土壤腐殖质组分变化

不同供气条件下，在实验周期内 HA 呈下降趋势，特别是在前期(0～36 d)下降明显，之后有微弱增加趋势。实验周期后，CK、处理 1、处理 2 和处理 3 条件下，HA 分别下降 48.82%、57.65%、57.65%、48.24%。不同供气条件间差异不显著，均值大小关系为处理 2[(1.20±0.56) g/kg]＞处理 1[(0.98±0.52) g/kg]＞CK[(0.93±0.48) g/kg]＞处理 3[(0.87±0.48) g/kg]。供气处理[(1.01±0.51) g/kg]与 CK[(0.93±0.48) g/kg]之间差异也不显著(P=0.726)。

FA 在实验周期内的变化与 HA 类似，总体呈现下降趋势，在实验过程的前期下降较明显。CK、处理 1、处理 2 和处理 3 条件下，FA 分别下降 66.14%、61.97%、75.76%、

62.83%。在 0～36d 内,CK 组 FA 氧化分解程度低于处理组,之后处理组和 CK 组之间差异性减小。通气似乎减缓了 FA 氧化分解的进程,但实验末期又无显著区别。

在四种条件下,HM 在实验周期内的变化趋势一致,呈先减少,后增加,之后减少,最后又增加的波动性变化趋势。CK、处理 2 和处理 3 的时间变化趋势和结果较为接近,而处理 1 条件下,HM 在实验末期的含量显著低于 CK、处理 2 和处理 3。

实验台表层土壤与大气直接接触,底部供给的 CO_2 气体通过剖面向表层土壤传输,进而排入大气中。表层土壤中 CO_2 同时受到剖面 CO_2 传输及大气 CO_2 扩散的影响。不同通气条件下,HA 在实验周期内均出现了大幅下降。HM 是土壤有机碳库中无法用浸提液提取出而剩余的那部分惰性碳库。

SOC 含量在实验初期下降显著(图 5-18),之后变化相对平稳。实验台表层土壤发生碳汇,这种条件有利于土壤固碳。有机质包括难以区分的动植物残体或水浮物。这种半分解的动植物残体对 SOC 有一定的贡献,使得 SOC 在实验过程中得到了一定的补充和转化,特别是在实验末期,SOC 含量回升,甚至高于初始含量。其中,处理 1 条件下,SOC 含量在后期较稳定,相比较初期有所下降。总的来说,在实验周期前 24d,四种条件下,SOC 含量下降呈现净分解状态,这期间可能有土壤中未分解或半分解动植物残体向有机质转化,其转化量少于有机质本身的分解量,也有可能仅存在有机质自身的分解。在 24d 到实验末期,SOC 含量呈现净增加状态,此时 SOC 的形成过程大于分解过程。实验初期的急剧下降可能是因为,相比较野外现场原状土壤,室内模拟实验的土壤填充及土壤预处理过程相当于对土壤的巨大扰动作用过程,而这一过程导致了 SOC 短时期的显著分解或转化。

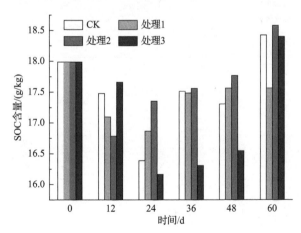

图 5-18　不同供气条件下表层 SOC 含量变化

2. 不同供气条件下土壤腐殖质组分的光学特征

从 HA 吸光度曲线变化(图 5-19)来看,吸光度曲线在前 24d 下降较快,说明在不同供气条件下,HA 的快速氧化分解阶段主要发生在 0～24d。而处理 2 条件下,最后

12d 也出现了快速分解阶段。HA 在各波长下吸光度的相对大小与其 HA 有机碳含量在不同时间段的相对大小或变化趋势一致。

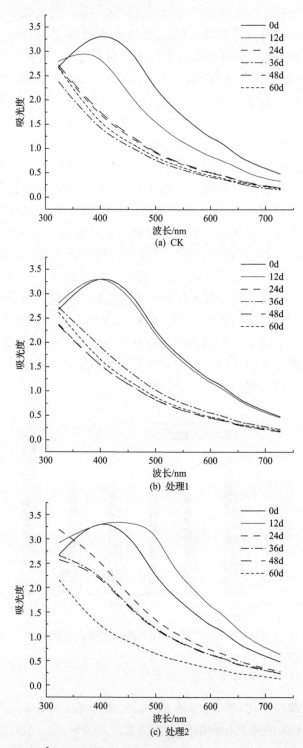

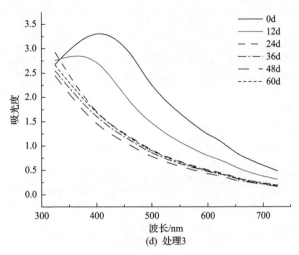

(d) 处理3

图 5-19　不同供气条件下 HA 吸光度曲线

从 FA 吸光度曲线变化(图 5-20)来看，FA 在不同阶段变化曲线与 HA 表现一致。在前 24d 下降较快，说明在不同供气条件下，FA 的快速分解阶段主要发生在 0~24d。而处理 2 条件下，最后 12d 也出现了快速分解阶段。

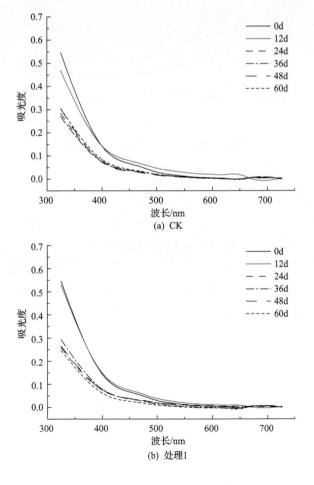

(a) CK

(b) 处理1

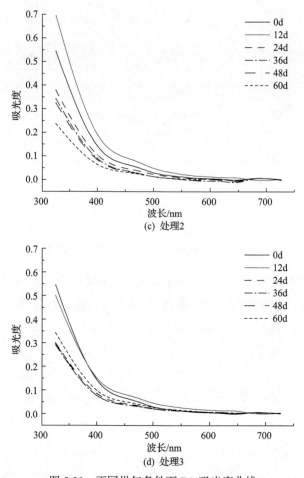

图 5-20　不同供气条件下 FA 吸光度曲线

　　腐殖质组分本身稳定性较强，在自然条件下分解缓慢。在腐殖质组分中，相比较 HM，HA 和 FA 的有机碳活性相对较高。HA 和 FA 的吸光度曲线表现出的 HA 和 FA 变化与其含量测定结果一致，反映了 HA 和 FA 的分解与转化情况。

　　不同底部供气条件下，CK 组 HA 的 E_4/E_6 波动变化（表 5-6），而处理 1、处理 2 条件下 HA 的 E_4/E_6 则逐渐增大，说明 HA 的分子结构逐渐复杂化。供气在一定程度上降低了 HA 分子结构的芳构化程度；处理 3 条件下 HA 的 E_4/E_6 相对变幅小，说明供气量增加到一定值后，HA 的分子结构变化受到不同程度的抑制。当然，在实验周期内，HA 的分子结构复杂化并不是一直在增加，也存在波动。总体来说，处理 1 和处理 2 条件下 HA 的分子结构复杂化程度最高。处理组与 CK 组比较，处理组 E_4/E_6 均值（3.523）大于 CK 组。因此，在实验过程中 HA 发生了部分氧化分解，同时供气处理在一定程度上也降低了表层土壤 HA 的分子芳构化程度。

表 5-6　不同供气处理条件下 PQ 及 HA 的 E$_4$/E$_6$ 变化

实验处理	光学指标	0d	12d	24d	36d	48d	60d
CK	PQ	0.429	0.463	0.428	0.375	0.422	0.531
	E$_4$/E$_6$	3.407	3.356	3.452	3.477	3.482	3.436
处理 1	PQ	0.429	0.435	0.461	0.451	0.432	0.456
	E$_4$/E$_6$	3.407	3.427	3.446	3.503	3.512	3.517
处理 2	PQ	0.429	0.483	0.324	0.392	0.474	0.569
	E$_4$/E$_6$	3.407	3.468	3.501	3.561	3.552	3.634
处理 3	PQ	0.429	0.418	0.321	0.246	0.388	0.513
	E$_4$/E$_6$	3.407	3.421	3.422	3.421	3.488	3.419

　　PQ 在实验周期内也在波动变化，前期基本呈减小趋势，后期呈增加趋势。从整个实验周期看，PQ 值增加。这说明，相对 HA，FA 分解程度更高，也进一步说明 FA 活性更高，更易分解。

　　不同供气条件下，实验周期结束后 HA 和 FA 含量显著下降，HA 含量下降范围在 0.5～1g/kg，而 HA 含量下降范围在 1.5g/kg 左右(图 5-21)。但不同供气处理条件之间，对 HA 和 FA 变化的影响差异不显著。CK、处理 2 和处理 3 条件下，HM 增加，而处理 1 条件下 HM 有所减少。这可能是因为，处理 1 底部供给 CO$_2$ 相较于处理 2 和处理 3，有利于土壤腐殖质中较难分解组分 HM 的分解。从图 5-21(b)也可以看出，HA 在各波长处吸光度和其含量均显著减少。因此，可能存在 HA 和 FA 向 HM 转化。

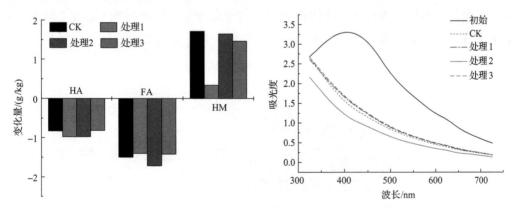

图 5-21　不同供气条件下表层土壤腐殖质组分及 HA 吸光度变化

5.3.3　土壤微生物生物量碳变化对腐殖质氧化分解的影响

　　经过底部供给不同通气量 CO$_2$，CK 组微生物生物量碳明显高于其他实验处理组，说明本供气处理措施在一定程度上抑制了表层土壤微生物生物量碳含量的升高。尽管如此，各处理微生物生物量碳依然较高。干湿交替可能会改变其他影响条件对腐殖质组分形成或转化的影响。此外，发现 CK 和处理 1 变化趋势较为一致，而处理 2 和处理 3 变化趋势较为一致（图 5-22）。

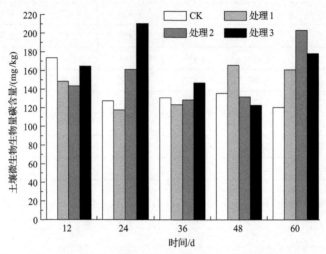

图 5-22　不同供气条件下表层土壤微生物生物量碳变化

有研究表明，大气中微生物生物量碳含量的升高会不同程度地促进土壤含水量、硝态氮、铵态氮、总碳、总磷、可溶性有机氮和可溶性有机碳的累积，进而可能会促进土壤酶活性和微生物活性。

本实验是通过底部供气作用，增加了整个土柱剖面的 CO_2 浓度，并在土柱剖面上形成了浓度梯度。就表土而言，底部供气增加了表土中 CO_2 浓度。结果显示（图 5-23），在实验前期四种供气条件下，土壤微生物生物量碳含量均显著增加，就在 24d 时，表层土壤微生物生物量碳含量存在较大差异，处理 3 和处理 4 对应表层土壤微生物生物

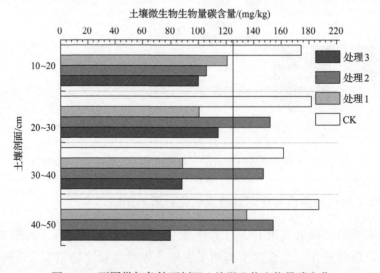

图 5-23　不同供气条件下剖面土壤微生物生物量碳变化

量碳含量显著大于 CK 组和处理组，这与上述文献研究结果较为相似。在 36～48d，微生物生物量碳含量较低可能受到表层土壤干湿交替的影响。剖面上水分梯度差异或者底部含水量高于表层土壤时，土壤剖面不同位置微生物环境条件发生变化，可能导致土壤微生物数量和活性的位置变化。

5.4　复垦土壤腐殖质氧化对温度的响应

5.4.1　实验水气热变化

1. 剖面温度变化

底部供热 40℃试验中，各剖面土壤温度总体上不断升高(图 5-24)，在整个剖面上形成了从底部至表土温度递减的温度梯度，均值大小关系为 80cm[(32.47±1.16)℃]>60cm[(30.71±1.26)℃]>40cm[(29.88±1.32)℃]>20cm[(28.96±1.44)℃]>5cm[(28.22±1.62)℃]>2.5cm[(27.04±1.51)℃]。

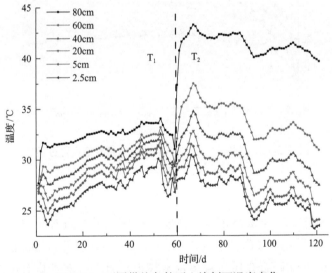

图 5-24　不同供热条件下土壤剖面温度变化

底部供热 60℃试验中，各剖面土壤温度初始阶段显著升温，之后是一个缓慢降温的过程。实验周期内，各剖面温度均值大小关系为 80cm[(41.31±1.05)℃]>60cm[(33.95±1.69)℃]>40cm[(30.93±1.81)℃]>20cm[(28.92±1.81)℃]>5cm[(27.47±1.92)℃]>2.5cm[(26.54±1.77)℃]。

底部供热 40℃实验在 6 月和 7 月进行，底部供热 60℃实验在 8 月和 9 月进行。两种供热条件比较，供热 60℃条件下的 40cm 至底部温度较高，而表层(0～20cm)温度却低于底部供热 40℃条件下相应土壤剖面温度，这主要是因为 8 月和 9 月气温低于 6 月和 7 月气温，对表层土壤温度的影响较大。此外，底部供热 60℃条件下，整个土壤剖面温度均有所下降，也与相应的大气温度有关。

底部供热过程初期，土壤剖面温度有一个不断上升的过程（图 5-25），60cm 至表土剖面温度供热 100h，基本趋向稳定。底部为煤矸石层，煤矸石的比热容相对土壤较小，同时与底部加热板接近，所以温度增加较快且上升温度更高。在底部持续供热时间为 1400h 时，整个土壤剖面温度基本开始相对稳定化。此时，在重构土壤剖面上形成了从底部到表层逐渐降低的温度梯度分布。

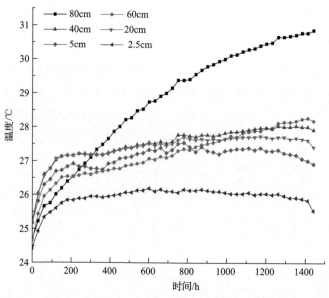

图 5-25　供热 40℃条件下土壤剖面温度稳定化过程

2. 剖面湿度变化

实验过程控制中，关于湿度控制，主要采用定期的水分补给方式。土壤剖面湿度监测数据如图 5-26 所示。底部供热 40℃条件下，80cm（煤矸石层）处，湿度较为稳定，保持在 0～5%。由于煤矸石介质本身持水量较低，加之底部供热对煤矸石层湿度有较大影响，所以湿度有缓慢下降的趋势。60cm（煤矸石与土壤界面）处，湿度基本稳定在10%左右，受表层土壤的定期水分补给及底部供热的影响较弱或者两种影响相互抵消。40cm 处湿度有缓慢增加的趋势，基本保持在 26%左右，土壤含水量有微弱增加。20cm 处，土壤湿度增加较显著，从 19%增加到 26%。5cm 处，土壤湿度增加更加显著，从 5%增加到 15%，该层受到定期水分补给的作用大于底部供热及水分散失带来的影响。2.5cm 处，土壤湿度变化剧烈，该层主要受定期水分补给及快速水分蒸发双重作用的影响，基本不受底部供热的影响。因此，土壤湿度变化曲线波动剧烈，存在显著的干湿交替现象。

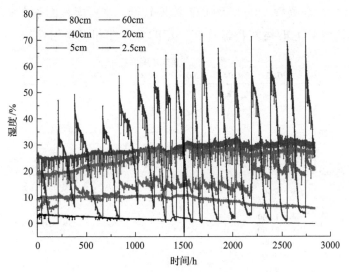

图 5-26　不同供热条件下土壤剖面湿度变化

　　底部供热 40℃ 条件下，80cm（煤矸石层）处，湿度较为稳定，保持在 0～2.5%。由于煤矸石介质本身持水量较低，加之底部供热对煤矸石层湿度有较大影响，所以湿度有缓慢下降的趋势。60cm（煤矸石与土壤界面），湿度逐渐下降，从 15% 降到 5%。造成湿度减小的原因主要是表层土壤的定期水分补给未能到达该层，同时底部供热使得该层水分向上运移而有所散失。40cm 和 20cm 处，土壤湿度分别稳定在 30% 和 25%。5cm 处，土壤湿度在前期主要维持在 14% 左右，后期增加到 20%。5cm 处，土壤湿度周期性变化显著，与定期水分补给影响一致。

　　两种底部供热条件，同时受表层土壤水分定期补给条件下，重构剖面湿度存在不同的变化规律。下层剖面主要受到底部供热影响，湿度缓慢降低；中层剖面一方面受到底部供热条件影响，另一方面受到表层土壤定期水分补给的影响，或者受到这两方面的影响都较弱，湿度基本稳定在较小范围内；上层剖面主要受到定期水分补给和土壤水分蒸发的双重影响，土壤湿度有较明显的变化规律，特别是最表层土壤表现出了显著的干湿交替周期性变化。

3. 剖面 CO$_2$ 分布

　　图 5-27 为实验台剖面 CO$_2$ 浓度日变化，可以看出重构土壤剖面的 CO$_2$ 分布较明显。表层土壤 CO$_2$ 浓度较低，煤矸石层也保持较低浓度水平。值得注意的是，煤矸石与上覆土壤界面层 CO$_2$ 浓度较其他剖面高，而且这一现象在室内模拟气体响应实验过程中也出现了。这也进一步验证，在煤矸石充填复垦土壤底部煤矸石充填基质会对上覆土壤产生一定的气热变化影响。从剖面 CO$_2$ 浓度的日变化过程来看，在各监测时间点，出现较小范围的波动。其中，剖面 45cm 处，CO$_2$ 在下午 13:00 时刻浓度相对较

低；剖面 85cm 处，在凌晨 1:00 时刻 CO_2 浓度较低。这可能是因为在底部供热条件下，重构土体内部剖面 CO_2 的运移传输存在一定的变异性和不均匀性。

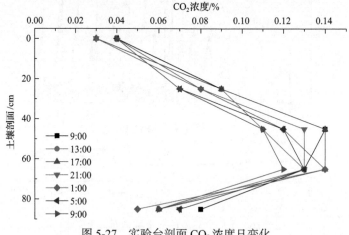

图 5-27　实验台剖面 CO_2 浓度日变化

5.4.2　不同底部供热条件下腐殖质组分变化

1. 不同底部供热条件下土壤腐殖质组分含量变化

（1）表层土壤腐殖质组分变化

通过室内模拟底部煤矸石基质的释热过程，分别设置了三种供热条件，定期监测表层土壤腐殖质组分的变化（图 5-28）。T_1 实验与 T_0 实验同时进行，在前 12 d WSS 都有明显的增加。这可能是由于在土壤充填初期的预处理过程中，土壤含水量较低，相应的土壤 WSS 损失较严重，而实验进行过程中的水分补给过程改善了土壤的活性等，WSS 增加。T_2 实验基于 T_1 实验进行，相应的 WSS 逐渐减少，到末期时降到了底部供热 40℃初始值。总的来说，T_0、T_1 和 T_2 三种供热条件下，表层土壤 WSS 含量变化趋势较为一致。

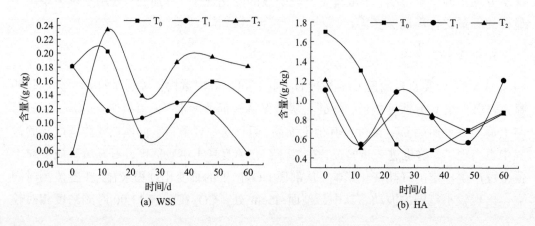

(a) WSS　　　　　　　　　　　　　　(b) HA

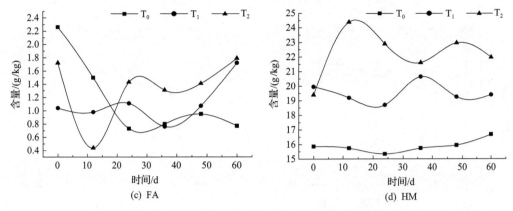

图 5-28　不同供热条件下表层土壤腐殖质组分变化

实验台底部持续供热实验模拟了煤矸石充填复垦土壤底部煤矸石充填基质缓慢氧化释热过程。前 12d，HA（常温、40℃和 60℃）均大幅下降，分别下降 24%、51% 和 58%。底部供热 40℃和 60℃条件下，HA 变化趋势呈"W"形，而常温条件下呈"V"形。与初始值相比，T_0 与底部供热 60℃条件下 HA 含量下降，分别下降 49% 和 28%，而底部供热 40℃条件下，HA 含量增加，增幅为 9%。

T_0 和 T_2 条件下，FA 含量在前 12d 显著下降，分别下降 34% 和 74%，而 T_1 条件下的 FA 含量则缓慢增加，增幅为 10%。在前 24d 内，T_0 和 T_1 条件下，HM 含量下降，而在 T_2 条件下 HM 含量增加。从腐殖质组分含量变化看，T_0（常温，底部未供热）条件下，HA 和 FA 含量减少。相应地，在底部供热 40℃和 60℃条件下，HA 和 FA 含量减少程度减弱或含量增加。从周期变化前后来说，仅 T_0 显著减少，而 T_1 和 T_2 微弱增加。腐殖质组分在实验过程中出现增加的原因可能是，土壤中含有部分未分解或半分解的动植物残体分解转化形成了腐殖质的不同组分。

(2)剖面土壤腐殖质组分变化

此外，测定了底部供热 60℃条件下上覆土壤剖面腐殖质组分的始末含量(图 5-29)。整个剖面土壤 WSS 含量在实验过程中减少，表层土壤 WSS 含量减少程度最大。HA 含量在剖面 0～30cm 也有所减少，而下层土壤中 HA 含量有所增加。FA 与 HA 变化情况相反，在剖面 0～30cm 有所增加，而在下层土壤中有所减少。而 HM 含量在整个剖面上均减少。因此，在室内重构土壤剖面中上层土壤可能存在 HA 向 FA 转化，或 HA 和 HM 向 FA 转化，或 HM 向 FA 转化等情况，而下层土壤中可能存在 FA 和 HM 向 HA 转化情况。

在表层土壤，WSS、HA 及 HM 含量均在实验过程中明显减少，而 FA 含量有微弱增加。剖面下层土壤空气中氧气含量低，上层土壤与大气直接接触而氧气富足。同时，下层土壤湿度较稳定，上层土壤湿度不稳定，受大气温度和湿度影响而发生水分散失，存在周期性的干湿交替现象。所以，总体来说上层土壤腐殖质组分分解程度大于下层土壤。

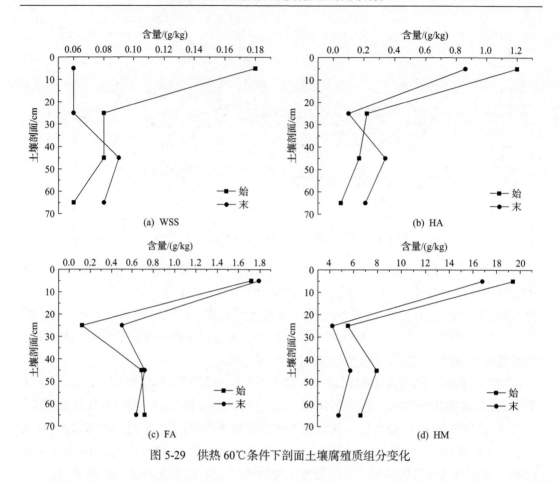

图 5-29　供热 60℃条件下剖面土壤腐殖质组分变化

2. 不同底部供热条件下土壤腐殖质组分的光学特征

腐殖质组分 HA 和 FA 的可见光吸光度曲线在各波长下吸光度值的相对大小可以间接反映 HA 和 FA 含量在实验周期内各阶段的相对大小。吸光度曲线斜率也可以间接反映腐殖质的腐殖化程度。一般来说，曲线的斜率越大，说明其分子复杂程度降低。

图 5-30 为不同供热条件下表层土壤 HA 吸光度曲线。在可见光波长范围内，HA 的吸光度值一般随波长增加而减小。T_0 条件下，HA 吸光度曲线在 0～36d 呈不断下降趋势，尤其是在 0～24d 下降趋势明显。在 36～60d，HA 吸光度曲线有所上升，但在各波长处吸光度值小于实验初始阶段。T_1 条件下，HA 吸光度曲线在 0～12d 下降明显，之后有上升也有下降，无明显规律性。从整个实验周期来看，在 12d 时，HA 各波长处吸光度值最低，而在 60d 时最高。T_2 条件下，HA 吸光度曲线在实验初期（0～12d）下降显著，整个实验周期 HA 吸光度曲线的最低值和最高值出现的时间点与 T_1 条件下的情况类似或相近，整个曲线的时间变化趋势也相近。

不同供热条件下表层土壤 FA 吸光度曲线如图 5-31 所示。FA 吸光度值在可见光波长范围内随波长增加而减小。T_0 条件下，FA 吸光度曲线在 0～36d 不断下降，之后各波长处吸光度值基本趋于稳定。在 36d 时，FA 吸光度曲线在各波长处吸光度值最低，而在初始阶段时为最高。T_1 条件下，FA 吸光度曲线在 0～36d 显著下降，在实验末期仅次于初始状况。T_2 条件下，FA 吸光度曲线在 0～12d 下降，并且幅度较大，整个实验周期内，对应各波长处的吸光度值总体呈先上升后减少趋势。

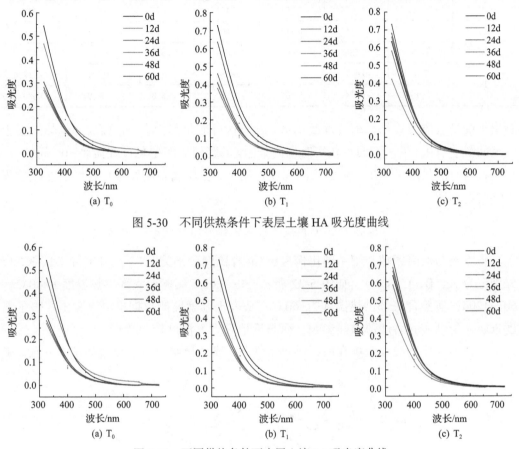

图 5-30　不同供热条件下表层土壤 HA 吸光度曲线

图 5-31　不同供热条件下表层土壤 FA 吸光度曲线

　　综上，可以看到 HA 和 FA 的吸光度曲线随实验时间的变化趋势与其相应的含量测定值在实验周期内的变化趋势基本一致。对同一组分，随着含量的增加，吸光度曲线中，相应波长处的吸光度值是增大的。

　　表 5-7 为不同供热条件下 PQ 及 HA E_4/E_6 变化。从表中可以看出，不同供热条件下，PQ 呈前期减小而后期增加的变化趋势。从整个实验周期来看，底部不同供热条件下 PQ 降低，T_0 条件下，PQ 增加。这说明，底部供热可能促进了 HA 的进一步分解，分解速率可能快于 FA。总体上反映出，底部供热条件下，腐殖质腐殖化程度降低。

　　同时也可以看出，底部不同供热条件下，HA 的 E_4/E_6 在实验周期内呈先增加后降低的趋势(表 5-7)。从芳香结构缩合度角度来说，HA 的芳香结构缩合度呈先降低后增加的变化趋势。比较三种供热条件下 HA 的始末 E_4/E_6，T_0 和 T_2 条件下，HA 的芳香结构缩合度是降低的，而 T_1 条件下，HA 的芳香结构缩合度是增加的。此外，可以

表 5-7　不同供热条件下 PQ 及 HA E_4/E_6 变化

实验处理	光学指标	0d	12d	24d	36d	48d	60d
T_0	PQ	0.429	0.463	0.428	0.375	0.422	0.531
	E_4/E_6	3.407	3.356	3.452	3.477	3.482	3.436
T_1	PQ	0.515	0.317	0.495	0.518	0.343	0.411
	E_4/E_6	3.586	3.643	3.628	3.524	3.618	3.474
T_2	PQ	0.411	0.377	0.384	0.391	0.321	0.323
	E_4/E_6	3.474	3.664	3.582	3.558	3.689	3.580

看出土壤腐殖质芳香结构缩合度变化量较小。这可能是因为，一方面底部供热对表土温度的影响有限，另一方面在较短时期内，土壤的腐殖质腐殖化过程需要的时间较长。在更长的时间尺度上，在一定因素的长期作用下，土壤腐殖质腐殖化程度的变化过程或许会更加明显。

3. 两种不同比例土壤混合条件下表层土壤腐殖质组分的温度响应

将黑土与淮南区域土壤不同比例混合（混合比例分别为 0∶1、1∶1、2∶1、3∶1，分别记为 A、B、C 和 D）。如图 5-32 所示，0～60d，实验台底部供热温度为 40℃，60～120d，实验台底部供热温度为 60℃。从表土温度监测数据也可以看出，表土温度未明显受到实验台底部供热影响，而与近地表大气温度较为接近。

四种不同比例混合土壤在底部供热条件下，腐殖质组分的变化趋势基本一致。黑

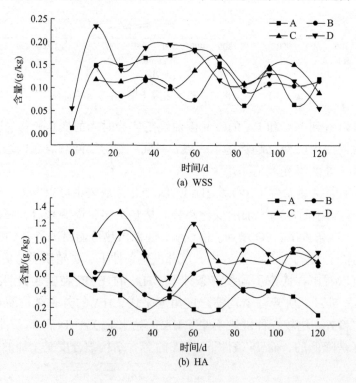

(a) WSS

(b) HA

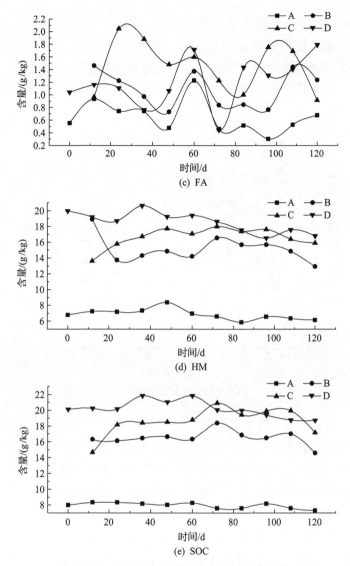

图 5-32　不同比例混合土壤腐殖质组分变化

土所占比例越高，相对应的 A、B、C 和 D 土壤腐殖质组分含量也越高。WSS 在四种不同比例混合土壤中含量差异不显著，同时在实验周期内波动明显，这可能是受到土壤定期水分补给与土壤水分自然蒸发所造成的表土干湿交替现象的影响。此外，HA 和 FA 含量在实验周期内波动也十分明显。而 HM 和 SOC 含量则变化较为平缓。这主要是因为 WSS、HA 和 FA 在土壤碳库中相对活跃，它们更易受到环境变化的影响，并在波动变化过程中相互转化或分解等。而 HM 相对稳定，其不能通过提取剂提取方法提取出来。HM 主要是被牢固地稳定在了矿质颗粒结合态中。只有在土壤结构或环境受到较大破坏或影响时，HM 才有可能被分解或转化。

　　不同比例的黑土与潮土的混合土壤微生物生物量碳含量随时间逐渐增加，在

48d 时，土壤微生物生物量碳含量达到最大值，此时微生物活性或微生物数量最多。之后，土壤微生物生物量碳含量开始下降，在 84d 后又缓慢上升。加入黑土的混合土壤微生物生物量碳含量大于未加黑土混合土壤微生物生物量碳含量，且在 12～72d 达到显著水平。而不同比例土壤混合（A、B 和 C）之间土壤微生物生物量碳含量差异不显著（图 5-33）。

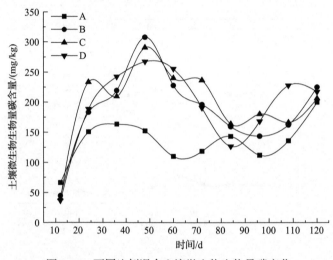

图 5-33　不同比例混合土壤微生物生物量碳变化

　　实验初期，由于受到土壤剖面重构时土壤样品预处理等操作的影响，土壤的生物活性受到一定程度的影响，此时土壤微生物生物量碳含量较少。经过水分补给及重构土壤剖面的逐步稳定化，土壤微生物适应了新的环境且在土壤碳源充足的情况下不断繁殖生长，土壤微生物生物量碳含量增加。48d 之后，微生物的生长繁殖可能是受到环境如可利用碳源等限制，土壤微生物生物量碳含量有所下降，但依然保持较高值。水分对微生物的生长和繁殖有重要影响，实验过程中存在明显的干湿交替现象。土壤微生物生物量碳含量的波动或下降或许是受到干湿交替时的水分限制而非碳源等的限制。

　　底部供给气热可能会改变剖面微生物及营养物质的迁移转化过程，使得下层微生物向表层转移。气热过程驱动剖面生物群落结构调整与再分布。本次室内底部供给气热模拟实验中表土无植被。实验过程中水分补给是采用定期定量的方式，所以表土存在干湿交替现象。就表土而言，其与农田土壤翻耕措施情况相近，因为室内模拟实验的土壤填充过程是对土壤的扰动过程，这种扰动可能改变了土壤的团聚体组成及腐殖质组分的稳定性。腐殖质在土壤碳库中是相对复杂和稳定的有机物，所以实验周期（60d）相对较短，可能使得腐殖质组分的变化规律相对不明显。

　　土壤干湿交替可能会影响土壤中有机碳的形成与转化过程（陈怀满，2010）。一方面，这种干湿交替作用可能会在较短时间内大幅提高土壤呼吸强度，甚至会使这一高呼吸强度维持几天，因此会促进土壤有机碳的矿化分解作用。另一方面，土壤的干湿交替也会引起土壤中黏粒矿物的膨胀与收缩作用，进而破坏了土壤团聚体的结构，将土壤中原先被物理性保护的有机碳释放出来而被土壤微生物利用。此外，如果土壤干湿交替范围较大，也会造成土壤微生物的死亡。

5.4.3　土壤有机碳变化

如图 5-34 所示，T_0 和 T_2 条件下土壤有机碳含量在前 24d 内下降最显著，分别下降 8.89% 和 8.47%。同时，T_1 中土壤有机碳含量在前 24d 下降较显著。之后，T_0 和 T_1 中土壤有机碳含量逐步上升，到实验末期与实验初期十分接近。而 T_2 中，土壤有机碳含量自始至终在逐渐减少。每一处理的实验周期均为 60d。前期，受土样预处理过程的影响，土壤有机碳发生了较快分解。随着实验过程的进行，土壤结构逐步稳定，在新的基础上形成了新的相对稳态。土壤原有的或残余的未能去除的未分解或半分解的动植物残体在实验过程中发生了不同程度的分解转化，这是对土壤有机碳的有效补充。所以，T_0 处理土壤有机碳含量变化呈现为 "V" 变化形式。而 T_1 处理，是在底部供热 40℃ 条件下进行，实验初期土壤有机碳含量变化不明显，可能是底部供热条件在一定程度上促进了土壤有机碳的分解，同时又促进了土壤中残余的未分解或半分解的动植物残体的分解而向土壤有机碳转化。后期，土壤有机碳含量增加显著，一方面可能是因为定期水分补给减缓土壤有机碳的分解而水分又促进了动植物残体的进一步腐殖化。T_2 处理是在 T_1 处理末期进行。经过 T_1 处理 60d 的实验周期，表层土壤中动植物残体的分解转化可能完全。此时，在底部供热条件下，土壤有机碳开始较显著的分解。

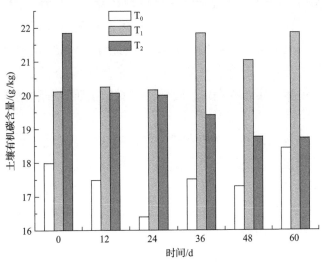

图 5-34　不同供热条件下土壤有机碳变化

5.5　本　章　小　结

1) 研究区土壤在剖面 pH 偏碱性(7.26～7.95)，且随剖面深度加深不断增加。而对照区土壤在剖面 0～30cm pH 为弱酸性，深部土壤情况相近。煤矸石充填复垦工程实施过程中，覆土厚度不宜过薄。覆土厚度过薄，土壤会出现明显的裂隙，同时底部煤矸石易于嵌入土壤中；覆土厚度增加有利于修复区土壤剖面水分保持，更加接近自然土壤剖面水分的分布。

2) 覆土厚度过薄区域土壤有机碳含量显著高于其他覆土厚度区域，可能是因为部分煤矸石混入了表层土壤中，在自然风化过程中与土壤结合。修复区表层土壤(0～30cm)WSS 富足，相对缺乏 HA、FA 和 HM，底部土壤(30～80cm)腐殖质组分中相对缺乏 FA。HE 组分中，相较于 HA，FA 占据主导地位。此外，修复区剖面土壤腐殖化程度较弱(相对对照区)，固碳潜力或能力较弱。

3) 煤矸石充填基质的分解氧化释放 CO_2 过程对土壤 CO_2 通量的贡献较大，特别是覆土厚度较薄区域。同时，煤矸石充填基质的上覆土体对外界温度的响应更加敏感，表层土壤的温度变化程度和范围更大。当然，随覆土厚度增加，这一影响减弱或变得不明显。

4) 底部 CO_2 供气处理使 CO_2 浓度在重构土体剖面形成气体梯度，下层 CO_2 浓度高于上层。底部供给 CO_2 显著提高了土体剖面分布的 CO_2 浓度。对照组煤矸石与土壤界面 CO_2 浓度在剖面上最高，这可能是因为土壤与煤矸石孔隙度和气体扩散有关。

5) 就表层土壤而言，不同供气条件下，土壤腐殖质组分中 HA 和 FA 含量出现了显著下降。而 HM 组分表现有所差异，主要体现在处理 1 过程，HM 与 HA 和 FA 表现一致，含量均有所减少。而 CK、处理 2 和处理 3 过程，HM 则有所累积。HA 分子在实验过程中芳构化程度均降低，分子简单化；此外，WSS 在实验过程中变异性较大，这种波动性可能与表层土壤干湿交替有关。底部供气处理在实验前期抑制腐殖质组分的氧化分解，但整个实验周期内，底部供气对腐殖质组分氧化分解的影响是不显著的。

6) 煤矸石是采煤沉陷区底部充填基质，煤矸石基质缓慢氧化释放气体并在修复区重构剖面形成气体梯度，对表层土壤微生物产生抑制作用，CO_2 供给量增加对表层土壤微生物的抑制程度增加。在实验过程中，底部供气对微生物的抑制作用程度存在变化，土壤微生物生物量碳的差异并没有导致腐殖质组分在不同处理之间产生显著差异。

7) 温度是影响腐殖质组分形成与转化的重要因素之一。底部供热对表层土壤温度的影响微弱或不明显，表层土壤温度更易受到外界大气环境的影响。底部供热不同，表层土壤腐殖质组分的变化趋势一致。因此，底部供热因素对表层土壤腐殖质组分的影响不显著。剖面腐殖质组分的形成与转化也主要受到外界大气温度、CO_2、O_2、空气湿度等影响，同时土壤水分也影响着腐殖质组分的变化。

8) 在实验周期较短(60d)并且土壤中残留未分解或半分解动植物残体情况下，室内模拟底部供热对表层土壤腐殖质组分的影响主要表现为，促进了土壤中未分解或半分解动植物残体向土壤腐殖质组分的转化。在土壤中未分解或半分解动植物残体分解完全或不存在情况下，室内模拟底部供热主要促进了腐殖质的分解。T_2 条件下，HM 波动程度大于 T_1，腐殖质其他组分在温度响应下变化程度大于 T_0。

9) 底部供热对表层土壤温度的影响相对较小，温度增加促进了微生物的活性。在添加不同比例的黑土之后，可以发现黑土比例越高其微生物生物量碳含量增加得越多，土壤微生物活性因为碳源充足也相对更强。

第6章 重构土壤呼吸变化及其环境影响因子

6.1 土壤呼吸日变化和季节变化

6.1.1 土壤呼吸监测区域及测量方法

土壤呼吸包括微生物的呼吸和土壤有机质的分解，植物根和根际有机体呼吸，土壤动物呼吸，含碳物质的化学氧化过程。在地表土壤没有大幅沉降和侵蚀的情况下，土壤呼吸可用土壤CO_2通量来表示。

（1）布点

该实验选择淮南市潘集区东辰生态园和潘一矿生态修复区两个采煤塌陷充填复垦区作为研究区，在每个生态修复区以覆土厚度为依据划分不同的实验小区，覆土厚度梯度为 0～20cm、20～40cm、40～60cm、60～100cm、＞100cm，每个实验小区选择 5 个点作为重复实验组，按对角线法进行布点(图 6-1)。以 D 和 P 分别代表东辰生态园和潘一矿生态修复区，D_1、D_2、D_3、D_4、D_5 和 P_1、P_2、P_3、P_4、P_5 分别表示在东辰生态园和潘一矿生态修复区选取的实验小区，各个实验小区测得的覆土厚度分别为：20～40cm(D_2)、40～60cm(D_5)、60～100cm(D_3)、＞100cm(D_1 和 D_4)；0～20cm(P_1 和 P_2)、20～40cm(P_5)、40～60cm(P_3 和 P_4)；由于东辰生态园和潘一矿生态修复区土壤修复植被类型不同，因此在划分覆土厚度时，将两个研究区分开研究，用 a、b、c、d 和 e 分别表示覆土厚度为 0～20cm、20～40cm、40～60cm、60～100cm、＞100cm，则不同研究区覆土厚度可表示为 Db、Dc、Dd、De 和 Pa、Pb、Pc。

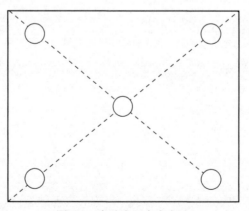

图 6-1 实验小区布点方法

土壤CO_2通量的测定方法采用静态密闭气室加碱液吸收法，静态密闭气室为 PVC

塑料桶，桶高 26cm，桶口直径 27cm，桶顶直径 18cm。底座为白铁皮材料制成，高 10cm，内径 26cm，外径 32cm。测量前，先除去地表植被，将底座插入土中，在底座环内注入一定高度的水。测量时，将装有 20mL 的 1mol/L NaOH 溶液的烧杯置于密闭气室内，将 PVC 塑料桶倒扣于底座环内，底座环内水的高度没过 PVC 塑料桶口以确保实验的密封性。本次实验选择的监测时间段为 06:00～18:00，每 2h 监测一次，每个研究区域选择 5 个实验点，每个实验点有 5 个重复监测，取平均值作为该点的 CO_2 通量排放值。每次监测设一空白对照实验，用薄膜隔绝地表气体交换，其他处理操作同实验组。每次监测结束后，取出烧杯，用约 1mol/L 的 HCl 溶液滴定剩余的碱溶液，根据剩余碱液的量计算土壤 CO_2 通量。

土壤 CO_2 通量的计算公式如下：

$$Q = \frac{(V_0 - V) \times C_{HCl} \times 44 \times 10000}{2 \times 1000 \times S} \tag{6-1}$$

式中，Q 为土壤 CO_2 通量 $[g/(m^2 \cdot d)]$，为表示方便，后面将其转换为 $\mu mol/(m^2 \cdot s)$；V_0 为空白组滴定时消耗的盐酸体积（mL）；V 为实验组滴定时消耗的盐酸体积（mL）；C_{HCl} 为盐酸浓度（mol/L）；S 为密封装置底环的面积（cm^2）。

(2) 土壤温度及理化性质的测定

在土壤呼吸速率测定的时间段内用温度计测定研究土壤 5cm 深度处温度。土壤理化性质的测定在室内实验室进行，监测指标包括含水量、容重、pH、有机碳及微生物生物量碳，含水量和容重的测定采用烘干称重法，即在烘箱中以 105℃温度烘干 8h 以后称重计算；pH 采用电位法测定（土液比为 1:2.5）；采用油浴加热重铬酸钾氧化容量法和氯仿熏蒸法分别测定土壤有机碳和微生物生物量碳。图 6-2 为现场工作图。

(a) 实验小区地表景观

(b) 实验小区覆土厚度

图 6-2　现场工作图

6.1.2　根系呼吸测定方法

（1）根生物量测定

20cm 土层被普遍认为是主要耕层土壤，土壤呼吸监测实验完成后，在实验小区采集一定深度的土壤样品带回实验室测定植物根生物量。

布点：选择 5 个不同覆土厚度的 4m×4m 实验小区，在每个小区内选择 3 个根系生物量差异较大的区域作为采样点进行采样。

工具：除若干装样品的布袋或塑料袋、刮土刀、铁丝筛以外，主要工具为一手持土钻。土钻的钻头一般为一 15cm 长、内径 7cm 的圆柱形金属管。管的上端固定着一根 100cm 长的空心金属钻杆。

取样：取土样时，加压并转动土钻使其进入土壤，当达到所需深度时，按原方向（不加压力）旋转几次后拔出。将土钻倒立，让金属棒横杆支撑在地面上，用脚踩钻柄，金属小圆盘即从钻头中把样品推出。将样品装袋中做好标记。

清洗：把根从样品中分离出来有两种方法。一是干选法，即把样品放在盘子中轻轻捣碎后，把根仔细拣出，洗净后，烘干称重。二是湿选法，即把样品放入细孔铁筛内，用小水流轻轻淘洗，把根洗出拣净后，80℃条件下烘干称重。

重复次数：根系生物量测定的精确度取决于钻孔数。一个地点一般 3~6 个样孔（3~6 个重复），并取平均值作为该样地根系生物量。

（2）根系呼吸测定

测定根系呼吸的方法有很多，本实验主要采用根系生物量外推法，即选择一系列根系生物量差异尽可能大的不同样点，通过根生物量及对应土壤呼吸速率来获得两者之间的关系，从而外推到生物量为 0 时土壤的净呼吸速率，两者之差即为对应面积下土壤根系呼吸，三者关系如下：

$$R_t = R_r + R_m \tag{6-2}$$

式中，R_t 为土壤呼吸总量 $[\mu mol/(m^2 \cdot s)]$；R_r 为根系呼吸速率 $[\mu mol/(m^2 \cdot s)]$；R_m 为净（微生物）呼吸速率 $[\mu mol/(m^2 \cdot s)]$。

6.2　土壤呼吸日变化和季节变化

6.2.1　土壤呼吸速率的日变化

众多研究表明，土壤呼吸强度在一天内表现出明显的变化趋势，由于夜间监测条件的局限性，对土壤呼吸强度在短时间内的研究多集中于日变化。为探索采煤塌陷区充填复垦后表层土壤呼吸强度的日变化特征和覆土厚度对其的影响，本研究分别于 2015 年 3 月、5 月、7 月、9 月、11 月和 2016 年 1 月测定各样点的土壤呼吸速率及土壤 5cm 处温度、湿度，每日监测 6 次，测定时间分别为 08:00、10:00、12:00、14:00、16:00、18:00。

各月所得研究区 08:00、10:00、12:00、14:00、16:00 和 18:00 土壤呼吸速率的日变化见图 6-3。由图可知，不同月份土壤呼吸速率的日变化趋势总体呈单峰曲线形式，

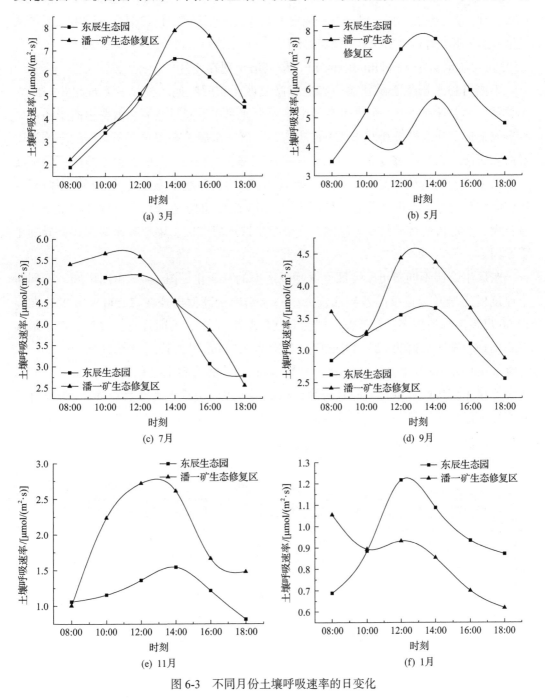

图 6-3 不同月份土壤呼吸速率的日变化

最高值出现在 12:00～14:00，最低值出现的时刻略有差异，以 08:00 和 18:00 为主，不同月份土壤呼吸速率的日变化幅度差异较大。东辰生态园土壤呼吸速率在 3 月、5 月、7 月、9 月、11 月和 1 月的最高值分别为 6.516μmol/(m²·s)、7.903μmol/(m²·s)、5.215μmol/(m²·s)、3.699μmol/(m²·s)、1.504μmol/(m²·s) 和 1.238μmol/(m²·s)，最高值出现在 5 月；潘一矿生态修复区土壤呼吸速率在 3 月、5 月、7 月、9 月、11 月和 1 月的最高值分别为 8.352μmol/(m²·s)、5.527μmol/(m²·s)、5.690μmol/(m²·s)、4.663μmol/(m²·s)、2.503μmol/(m²·s) 和 1.062μmol/(m²·s)，最高值出现在 3 月。

不同月份东辰生态园和潘一矿生态修复区土壤呼吸速率并没有表现出相同的大小关系，在 5 月和 1 月，东辰生态园土壤呼吸速率在不同时刻的均值普遍高于潘一矿生态修复区，其他月份则低于潘一矿生态修复区。东辰生态园在不同月份的土壤温度普遍高于潘一矿生态修复区，而土壤呼吸速率却与之相反，造成这种差异的原因可能是东辰生态园土壤植被类型为草地，杂草丛生，生态系统不稳定，潘一矿生态修复区植被类型为乔木，经过复垦后研究区已形成比较稳定的生态系统，土壤植物根系生物量较大，生物数量及活性较为稳定，这可能是造成研究区土壤呼吸速率存在差异的主要原因。

东辰生态园不同覆土厚度区土壤呼吸速率的日变化见图 6-4。由图可知，不同覆土厚度区土壤呼吸速率的差异性较大，一天当中最高值出现在 12:00～16:00，尤以 14:00 出现最高值居多；最低值出现在 08:00 或者 18:00，不同月份土壤呼吸速率最高值均出现在覆土厚度为 20～40cm 区，分别为 7.543μmol/(m²·s)、10.217μmol/(m²·s)、6.297μmol/(m²·s)、5.356μmol/(m²·s)、1.751μmol/(m²·s) 和 1.623μmol/(m²·s)。不同覆土厚度区土壤呼吸速率在不同月份的大小关系并没有表现出高度的一致性，但这并不表明覆土厚度对土壤呼吸过程没有影响，可能是其他因素对土壤呼吸过程的影响弱化了覆土厚度对其的影响。

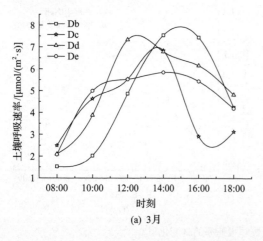

(a) 3月

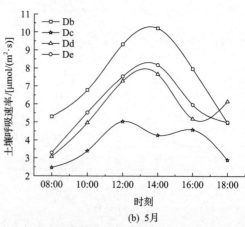

(b) 5月

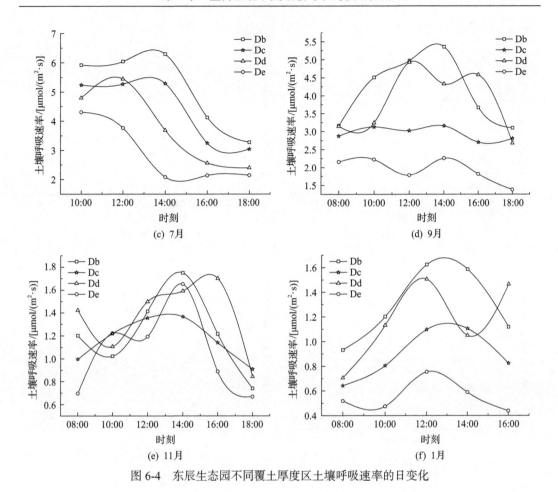

图 6-4　东辰生态园不同覆土厚度区土壤呼吸速率的日变化

　　潘一矿生态修复区不同覆土厚度区土壤呼吸速率的日变化见图 6-5。由图可知，除 3 月外，覆土厚度为 20~40cm 区土壤呼吸速率在不同月份中均处于最低值，这与东辰生态园明显不同。覆土厚度大于 20cm 区域土壤呼吸速率在 7 月日变化最高值出现在 10:00，10:00~18:00 基本保持下降趋势，最低值出现在 18:00；潘一矿生态修复区不同覆土厚度区 1 月土壤呼吸速率在监测时间段内基本呈现下降趋势，最高值出现

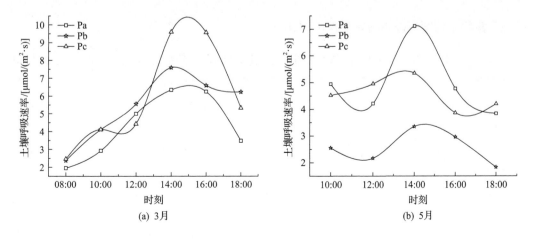

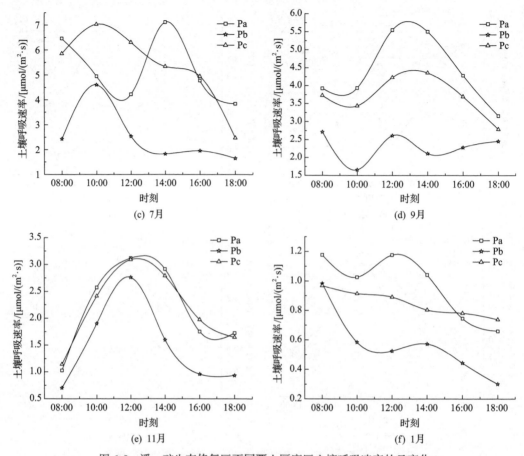

图 6-5　潘一矿生态修复区不同覆土厚度区土壤呼吸速率的日变化

在 08:00，最低值出现在 18:00。除 3 月，不同月份土壤呼吸速率最高值均出现在覆土厚度为 0～20cm 区，最高值分别为 7.112μmol/(m²·s)、7.112μmol/(m²·s)、5.356μmol/(m²·s)、1.751μmol/(m²·s) 和 1.623μmol/(m²·s)，3 月土壤呼吸速率最高值出现在覆土厚度为 40～60cm 区，最高值为 9.595μmol/(m²·s)。不同覆土厚度区土壤呼吸速率的大小关系总体表现为：0～20cm＞40～60cm＞20～40cm。

6.2.2　重构土壤呼吸速率与对照区的对比

以 3 月土壤呼吸速率的监测值为依据对比分析煤矸石充填重构土壤呼吸速率与自然状态下土壤呼吸速率之间的差异，并将东辰生态园和潘一矿生态修复区不同覆土厚度区土壤呼吸速率与对照区进行对比，探讨重构区土壤更接近自然条件下呼吸速率的覆土厚度。

不同生态修复区与对照区土壤呼吸速率对比见图 6-6。由图可知，重构区土壤呼吸速率与对照区在一天中的最高值均出现在 14:00，而最低值出现的时刻略有差异，研究区土壤呼吸速率最低值出现在 08:00，而对照区出现在 10:00。对照区土壤呼吸速率在一天内的变化趋势总体表现为高于东辰生态园而低于潘一矿生态修复区，在一天的监测时间段内土壤呼吸速率变化幅度小于煤矸石充填重构区。这可能是因为与研究区相比，对照区土壤生态系统已达到稳定状态，土壤呼吸过程较为稳定，参与土壤呼吸过程的影响因子对土壤呼吸过程的燃动程度低于煤矸石充填重构区，从而使得土壤呼吸速率的变化较小。

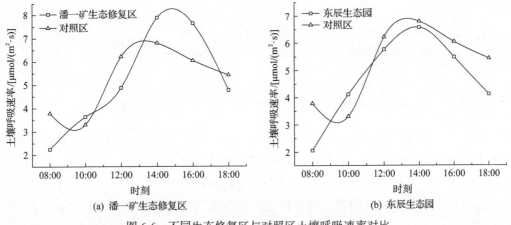

(a) 潘一矿生态修复区　　　　　　　　　　　(b) 东辰生态园

图 6-6　不同生态修复区与对照区土壤呼吸速率对比

　　东辰生态园不同覆土厚度区与对照区土壤呼吸速率对比见图 6-7。由图可知，覆土厚度为 60～100cm 区土壤呼吸速率与自然土壤差异最小，即该覆土厚度土壤呼吸速率更接近自然土壤率。覆土厚度为 20～40cm 区土壤呼吸速率在时间上滞后于对照区，但最高值均出现在 14:00 时刻，最高值分别为 7.543μmol/(m²·s) 和 6.796μmol/(m²·s)；最低值分别出现在 08:00 和 10:00，最低值分别为 1.526μmol/(m²·s) 和 3.304μmol/(m²·s)，该区土壤呼吸速率最高值高于对照区，最低值却低于对照区。这可能是因为该区生态系统尚不稳定，更易受到扰动因素的影响，从而使得其在一天中的波动幅度较大。覆土厚度为 40～60cm 区土壤呼吸速率变化趋势显著不同于对照区，其最低值出现在 16:00，之后略有上升趋势，而对照区自 14:00 后一直呈下降趋势。覆土厚度大于 100cm

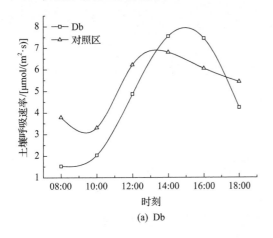

(a) Db

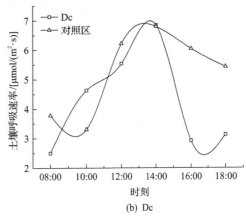

(b) Dc

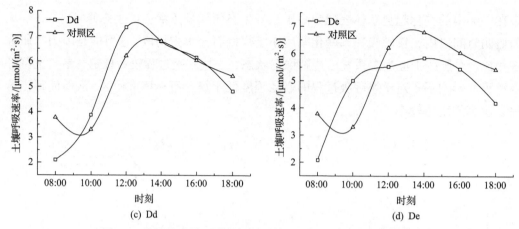

图 6-7　东辰生态园不同覆土厚度区与对照区土壤呼吸速率对比

区土壤呼吸速率除在 10:00 时高于对照区外，其他时刻均低于对照区，在该研究中，当覆土厚度大于 100cm 时，研究区土壤呼吸速率普遍低于对照区，这表明该覆土厚度抑制了土壤呼吸过程的进行，不利于生态环境的快速修复。

潘一矿生态修复区不同覆土厚度区与对照区土壤呼吸速率对比见图 6-8。由图可

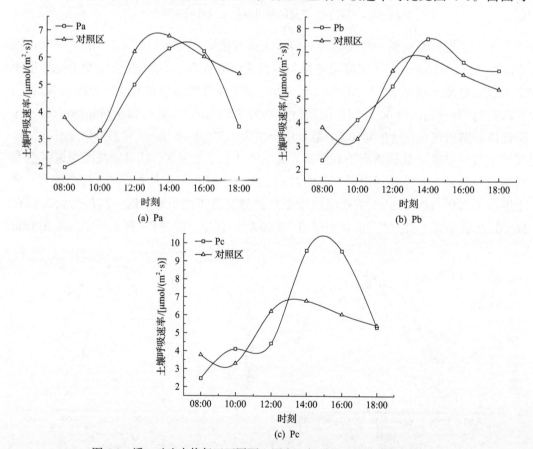

图 6-8　潘一矿生态修复区不同覆土厚度区与对照区土壤呼吸速率对比

知,潘一矿生态修复区覆土厚度为 40~60cm 区土壤呼吸速率日变化趋势与对照区之间存在较大差异,该区土壤呼吸速率在 14:00~16:00 时显著高于对照区,对应时刻研究区土壤呼吸速率均高于 9.500μmol/(m²·s),对照区土壤呼吸速率为 6.796μmol/(m²·s),在 18:00 时两者土壤呼吸速率基本一致,约为 5.350μmol/(m²·s)。覆土厚度为 0~40cm 区土壤呼吸速率与对照区基本保持一致,0~20cm 区土壤呼吸速率与对照区在时间尺度上存在一定的滞后性,对照区土壤呼吸速率在监测时间段内的最高值出现在 14:00,而该区出现在 16:00,覆土厚度为 0~20cm 区土壤呼吸速率最高值与最低值均低于对照区;覆土厚度为 20~40cm 区土壤呼吸速率变化趋势与对照区在时间尺度上保持一致,最高值均出现在 14:00,而最低值分别出现在 08:00 和 10:00,潘一矿生态修复区土壤呼吸速率最低值出现的时刻与对照区之间的差异与东辰生态园保持一致。与东辰生态园相比,潘一矿生态修复区所选实验点覆土厚度仅为 0~60cm,对于覆土厚度在 60cm 以上的区域无法分析其与对照区土壤呼吸速率之间的差异性,需在以后的工作中进一步补充。

6.2.3　不同时刻土壤呼吸速率与日均值的比较

土壤呼吸速率是估算土壤 CO_2 释放量的重要指标,而 CO_2 是导致全球变暖的主要温室气体,因此对土壤呼吸的监测通常是一个漫长的过程。研究表明,在进行土壤呼吸长期监测时,通常可选择一个较接近全天土壤 CO_2 释放量日均值的时间段所测得的土壤呼吸速率作为土壤 CO_2 释放量的日均值,从而预算当天土壤呼吸释放 CO_2 量。这种方法可以使得在人工监测土壤呼吸长期 CO_2 释放量的过程中减少大量工作量,但是在实际操作过程中对于该时间段的选择非常重要,直接关系到预算结果的准确性。基于此,本小节将 08:00、10:00、12:00、14:00、16:00 和 18:00 共 6 个时间段所测得的土壤呼吸速率均值与日均值进行对比,结果见表 6-1。已有研究结果表明,一天中

表 6-1　不同时刻土壤呼吸速率与日均值的比值

研究区	日均值/[μmol/(m²·s)]	比值/%					
		08:00	10:00	12:00	14:00	16:00	18:00
D	3.313	61	99	122	126	99	91
P	3.450	77	97	111	125	104	77
Db	3.969	61	90	119	138	107	82
Dc	2.412	69	112	125	122	88	85
Dd	3.506	60	91	133	119	103	96
De	3.339	59	104	119	125	96	96
Pa	3.629	81	92	117	128	100	73
Pb	2.471	74	104	109	115	102	90
Pc	3.760	75	100	106	126	109	76

10:00 土壤呼吸速率与土壤呼吸速率日均值较为接近（比值最接近 100%），可用 10:00 监测所得土壤呼吸速率作为该区土壤呼吸速率日均值，进而估算土壤呼吸长期 CO_2 释放量。由表 6-1 可以看出，除 10:00 所测土壤呼吸速率与日均值较为接近外，16:00 所得土壤呼吸速率与其日均值也较为接近，因此，可用 10:00 或 16:00 所得土壤呼吸速率作为该区土壤呼吸速率日均值估算其长期 CO_2 释放量。

6.2.4　土壤呼吸速率的月变化

东辰生态园和潘一矿生态修复区不同月份土壤呼吸速率的变化呈单峰曲线形式，如图 6-9 所示。由图 6-9 可知，东辰生态园和潘一矿生态修复区土壤呼吸速率在不同月份的变化幅度差异较大，东辰生态园在 3 月、5 月、7 月、9 月、11 月和 1 月的土壤呼吸率变化幅度分别为 $1.112\sim8.449\mu mol/(m^2\cdot s)$、$1.034\sim14.335\mu mol/(m^2\cdot s)$、$0.651\sim9.257\mu mol/(m^2\cdot s)$、$0.668\sim8.426\mu mol/(m^2\cdot s)$、$0.116\sim3.652\mu mol/(m^2\cdot s)$ 和 $-0.052\sim2.567\mu mol/(m^2\cdot s)$，从月均值来看，东辰生态园土壤呼吸速率的最高值出现在 5 月；潘一矿生态修复区在 3 月、5 月、7 月、9 月、11 月和 1 月的土壤呼吸率变化幅度分别为 $1.329\sim13.025\mu mol/(m^2\cdot s)$、$1.023\sim10.340\mu mol/(m^2\cdot s)$、$1.035\sim12.548\mu mol/(m^2\cdot s)$、$0.631\sim9.355\mu mol/(m^2\cdot s)$、$0.236\sim5.571\mu mol/(m^2\cdot s)$ 和 $-0.176\sim3.935\mu mol/(m^2\cdot s)$，潘一矿生态修复区土壤呼吸速率的最高值出现在 3 月，这有悖于当前众多研究中得出最高值出现在夏季的结论，造成该月土壤呼吸速率较高的原因可能是因为 3 月气温回暖，土壤温度升高使得经过整个冬季土壤呼吸产生的 CO_2 在土壤解冻后大量释放到土壤表面，此外动植物及微生物活性也开始增强，这也会使土壤呼吸速率得到一定的增强。本研究中煤矸石充填复垦区土壤呼吸速率在不同月份的变化趋势虽略有差异，但总体表现出夏季高、冬季低的特点。

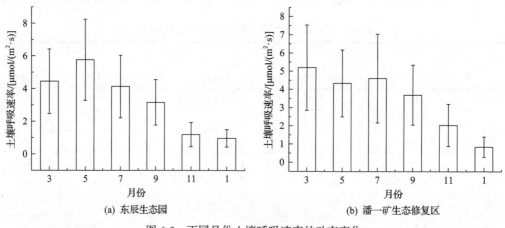

图 6-9　不同月份土壤呼吸速率的动态变化

东辰生态园不同覆土厚度区土壤呼吸速率的月变化见图 6-10。由图可知，东辰生态园除覆土厚度为 40～60cm 区外，其他覆土厚度区土壤呼吸速率的月变化均呈单峰曲线形式，最高值多出现在 5 月，最低值均出现在 1 月，20～40cm、40～60cm、60～100cm 和 >100cm 在全年土壤呼吸速率的最高值分别为 7.428μmol/(m²·s)、4.261μmol/(m²·s)、5.724μmol/(m²·s) 和 5.923μmol/(m²·s)，最低值分别为 1.292μmol/(m²·s)、0.555μmol/(m²·s)、1.172μmol/(m²·s) 和 0.895μmol/(m²·s)。土壤呼吸速率季节变化的最高值通常出现在 6～8 月，但在本研究中，7 月土壤呼吸速率并不是全年土壤呼吸速率的最高值，这可能是因为在 7 月土壤温度虽然较高，可以促进土壤呼吸过程，但极端天气也易出现，从而减弱了土壤温度升高对其的促进作用，这在其他研究结论中也有发现。

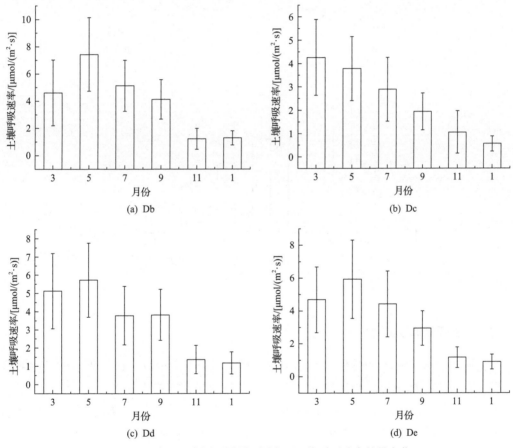

图 6-10　东辰生态园不同覆土厚度区土壤呼吸速率的月变化

潘一矿生态修复区不同覆土厚度区土壤呼吸速率的月变化见图 6-11。由图可知，该研究区土壤呼吸速率月变化趋势与东辰生态园相比更为平缓，覆土厚度为 0～20cm、20～40cm 和 40～60cm 区土壤呼吸速率的最低值均出现在 1 月，最低值分别为 0.971μmol/(m²·s)、0.568μmol/(m²·s) 和 0.849μmol/(m²·s)；最高值分别出现在 5 月、

3月和3月，最高值分别为4.977μmol/(m²·s)、5.408μmol/(m²·s)和5.916μmol/(m²·s)。覆土厚度为20～40cm区土壤呼吸速率在全年监测时间段内呈下降趋势。

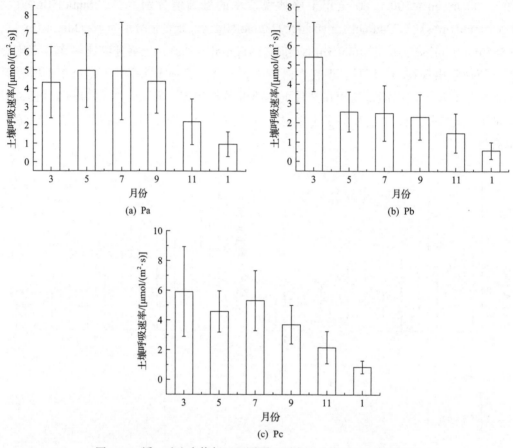

图6-11　潘一矿生态修复区不同覆土厚度区土壤呼吸速率月变化

6.2.5　土壤呼吸速率的月均值

　　土壤呼吸速率在不同月份的月均值存在较大差异（表6-2），在一年中的变幅略有差异。东辰生态园土壤呼吸速率在一年当中的月变化幅度略大于潘一矿生态修复区，分别为4.793μmol/(m²·s)和4.349μmol/(m²·s)；东辰生态园土壤呼吸速率月均值普遍低于潘一矿生态修复区。研究区不同覆土厚度区土壤呼吸速率在一年中监测时间段内略有差异，就东辰生态园而言，覆土厚度为20～40cm区土壤呼吸速率在一年中的变幅最大，其次为覆土厚度大于100cm区，最后为40～60cm区，当覆土厚度大于40cm时，变幅表现出随覆土厚度增加而增加的趋势。与东辰生态园相比，潘一矿生态修复区不同覆土厚度区土壤呼吸速率的年变幅表现出随覆土厚度增加而增加的趋势，但土壤呼吸速率与覆土厚度之间在监测数值上并未表现出明显的规律性。

表 6-2 不同研究区土壤呼吸速率的月均值 ［单位：μmol/(m²·s)］

研究区	3 月	5 月	7 月	9 月	11 月	1 月	变幅
D	4.449	5.755	4.128	3.155	1.193	0.962	4.793
P	5.191	4.337	4.606	3.699	2.039	0.842	4.349
Db	4.610	7.428	5.132	4.127	1.224	1.292	6.204
Dc	4.261	3.777	2.889	1.937	1.053	0.555	3.706
Dd	5.182	5.724	3.779	3.816	1.361	1.172	4.552
De	4.683	5.923	4.420	2.949	1.165	0.895	5.028
Pa	4.322	4.977	4.941	4.391	2.175	0.971	4.006
Pb	5.408	2.572	2.498	2.304	1.475	0.568	4.840
Pc	5.916	4.578	5.324	3.705	2.185	0.849	5.067

1) 研究区土壤呼吸速率的日变化总体呈单峰曲线形式，最高值出现在 12:00～14:00，最低值出现在 08:00 或 18:00；土壤呼吸速率的大小关系为：东辰生态园<对照区<潘一矿生态修复区；不同覆土厚度区土壤呼吸速率的日变化趋势差异性较大，且两者之间并无明显的规律性，土壤呼吸速率的日均值可用当天 10:00 或 16:00 所得土壤呼吸速率来表示。

2) 研究区及其不同覆土厚度区土壤呼吸速率的月变化差异较大，但总体呈单峰曲线形式，最高值出现在 5～7 月，最低值出现在 1 月；全年监测数据中，相同覆土厚度条件下，潘一矿生态修复区土壤呼吸速率大于东辰生态园，且年变幅随覆土厚度的增加而增加，但土壤呼吸速率与覆土厚度之间无明显的规律性。

6.3 土壤温度和湿度的变化特征

土壤呼吸过程的复杂性，导致其变化特征受到多种因素的交叉影响，所以本实验研究在不同时期、不同区域的基础上认识影响复垦区土壤呼吸过程的主要环境影响因子，并将其对土壤呼吸过程影响的重要性做对比。本实验所取环境因子为土壤温度和湿度，数值均为 5cm 深度处数值，因为此时两者与土壤呼吸速率的相关性最佳。

6.3.1 土壤温度的变化特征

东辰生态园和潘一矿生态修复区在不同月份土壤温度的日变化趋势均表现出明显的特征(图 6-12)，土壤温度在白天的变化呈现出 08:00～14:00 土壤温度随时间的推移逐渐升高，14:00 之后随时间的推移逐渐下降。3 月、5 月、7 月、9 月、11 月和 1 月东辰生态园土壤温度日变化的最高温分别为 24.1℃、34.6℃、32.7℃、29.1℃、18.7℃和 6.3℃，潘一矿生态修复区土壤温度日变化的最高温分别为 23.7℃、22.9℃、28.7℃、25.7℃、17.7℃和 4.4℃。实际监测过程中，东辰生态园土壤温度的最高温出现在 5 月，为 36℃，最低温出现在 1 月，为 5.1℃，潘一矿生态修复区土壤温度最高温出现在 7

月，为 31.5℃，最低温出现在 1 月，为 1.9℃。3 月、5 月、7 月、9 月、11 月和 1 月东辰生态园土壤温度日变化的最低温分别为 19.5℃、26.4℃、26.7℃、26.4℃、12.4℃和 5.8℃，潘一矿生态修复区土壤温度日变化的最低温分别为 19.2℃、22.4℃、24.0℃、12.3℃、17.7℃和 2.3℃。

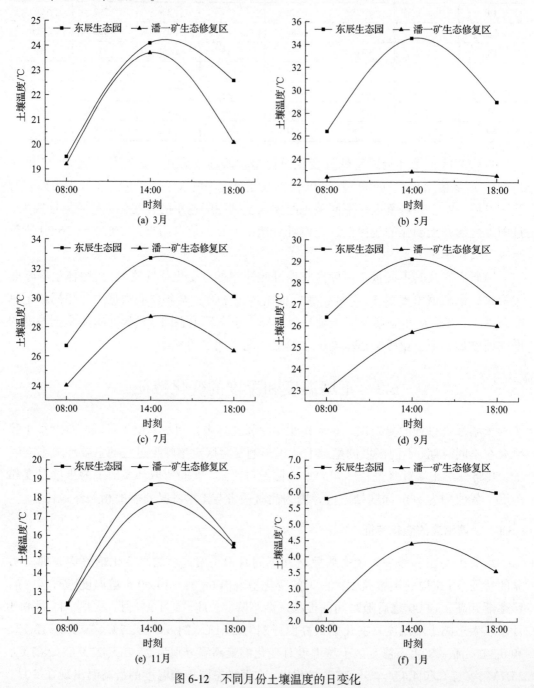

图 6-12　不同月份土壤温度的日变化

由图 6-12 可知，不同月份东辰生态园土壤温度日动态变化曲线普遍高于潘一矿生态修复区，这表明在同一监测时间段内东辰生态园土壤温度高于潘一矿生态修复区，除 3 月和 11 月外，其他月份两者之间的差异较为显著，尤以 5 月最为明显。造成两个研究区在相同月份土壤温度存在差异的原因可能是研究区自身地势以及周围环境，实验所选东辰生态园研究区域为一块高台区，与整个东辰生态园相比，地势较高。复垦初期，以种植小麦为主，但小麦成活率较低，效果不佳，后期自主生长为一片杂草区。潘一矿生态修复区研究区域为一片林地，经过十来年的复垦修复，目前生态系统已较为稳定。与潘一矿生态修复区相比，东辰生态园光照面积充足，地表上层植被覆盖面积小，这可能是造成两者之间存在差异的主要原因。

东辰生态园不同覆土厚度区土壤温度的日变化见图 6-13。由图可知，不同覆土厚度区土壤温度表现出相同的日变化趋势（除 1 月覆土厚度为 40～60cm 区），即 08:00～14:00 土壤温度随时间的推移逐渐升高，而 14:00 之后随时间的推移逐渐下降。不同覆土厚度区土壤温度在不同月份的大小关系存在较大差异，不同覆土厚度区土壤温度在 3 月、5 月、7 月、9 月、11 月和 1 月的最高值分别出现在 40～60cm、20～40cm、60～100cm、40～60cm、20～40cm 和 60～100cm 区，最高值分别为 25.4℃、36.0℃、

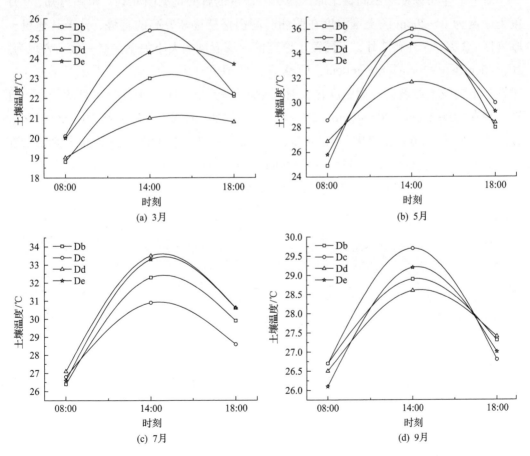

(a) 3月　　　　　　　　　　　　(b) 5月

(c) 7月　　　　　　　　　　　　(d) 9月

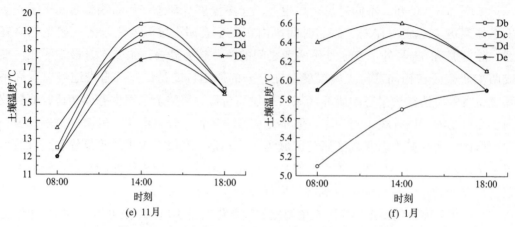

(e) 11月　　　　　　　　　　(f) 1月

图 6-13　东辰生态园不同覆土厚度区土壤温度的日变化

33.5℃、29.7℃、19.4℃和6.6℃，最低值分别出现在 60～100cm、20～40cm、20～40cm、＞100cm、＞100cm 和 40～60cm 区，最低值分别为 20.8℃、28.0℃、26.4℃、26.1℃、12.0℃和 5.1℃。

　　潘一矿生态修复区不同覆土厚度区土壤温度的日变化见图 6-14。由图可知，9 月覆土厚度为 0～20cm 区土壤温度在监测时间内保持逐渐升高的趋势，异于其他覆土厚度区。3 月、5 月和 7 月，不同覆土厚度区土壤温度的大小关系保持一致，表现为：20～40cm＞0～20cm＞40～60cm，而 9 月、11 月和 1 月土壤温度的大小关系并无规律性。不同覆土厚度区土壤温度在 3 月、5 月、7 月、9 月、11 月和 1 月的最高值分别出现在 20～40cm、20～40cm、20～40cm、0～20cm、40～60cm 和 20～40cm 区，最高值分别为 21.6℃、22.9℃、27.8℃、25.3℃、16.7℃和 3.8℃，最低值分别出现在 0～20cm、40～60cm、0～20cm、40～60cm、0～20cm 和 40～60cm 区，最低值分别为 18.9℃、22.4℃、23.5℃、23.3℃、11.7℃和 2.1℃。

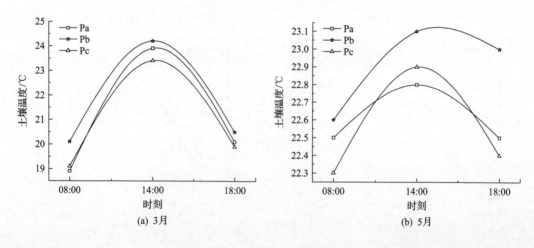

(a) 3月　　　　　　　　　　(b) 5月

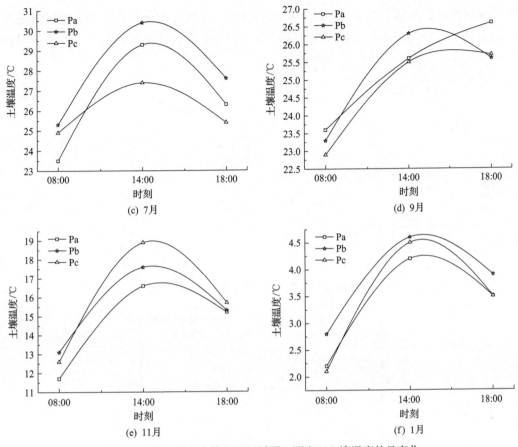

图 6-14　潘一矿生态修复区不同覆土厚度区土壤温度的日变化

　　基于研究区底部充填煤矸石层，煤矸石在氧化时会释放一定的热量，但具体释放量达到多少目前尚没有具体的结论。煤矸石的热传导性远远高于土壤，在地表温度逐渐升高阶段，上层覆土厚度的不同，导致热量在由地表向下传导的过程中损失量存在差异，从而导致底部煤矸石所能接收到的热量不同。在相同的外部条件下，覆土厚度薄的区域，煤矸石层能更快更多地接收地表热量，当地表温度下降之后，煤矸石层所含热量又能较快地反馈回地表，从而使表层土壤温度变化趋势较为平缓。但是在本实验中，土壤温度与覆土厚度之间并没有表现出明显的变化规律，各研究实验小区土壤温度之间的差异主要是由光照条件造成的，这说明研究区光照条件对土壤温度的影响程度大于煤矸石层覆土厚度对其的影响。

　　东辰生态园和潘一矿生态修复区不同覆土厚度区土壤温度的月变化见图 6-15。由图可知，不同研究区不同覆土厚度区土壤温度的月变化表现出高度一致性，均是在 5～7 月最高，1 月最低。研究区在不同月份土壤呼吸速率和土壤温度的变化见图 6-16。由图可知，东辰生态园土壤温度在 5 月、7 月、9 月的日均值显著高于 3 月、11 月、1 月，5 月土壤温度为一个节点，在 5 月之前土壤温度呈上升趋势，5 月至次年 1 月，土壤温度逐渐下降。东辰生态园土壤呼吸速率的最高值和最低值出现的时刻分别对应

于土壤温度的最高值和最低值。潘一矿生态修复区不同月份土壤温度和土壤呼吸速率
的动态变化趋势与东辰生态园略有差异,潘一矿生态修复区土壤温度在 7 月和 9 月的

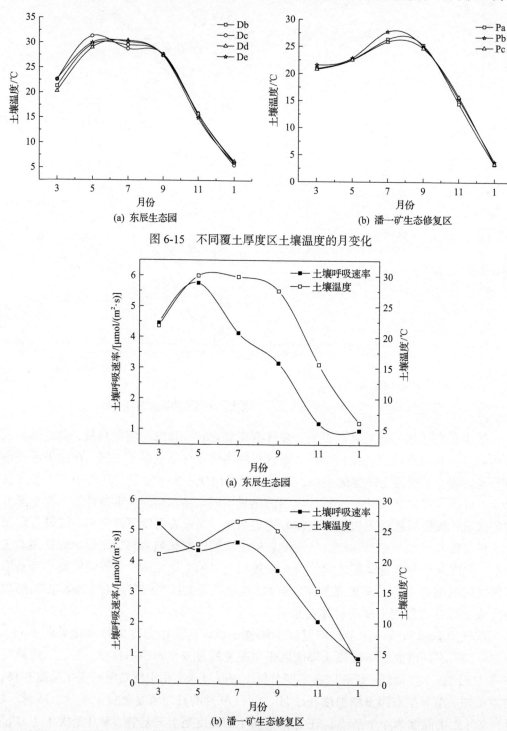

(a) 东辰生态园　　　　　　　　　　　　(b) 潘一矿生态修复区

图 6-15　不同覆土厚度区土壤温度的月变化

(a) 东辰生态园

(b) 潘一矿生态修复区

图 6-16　不同月份土壤呼吸速率和土壤温度的变化

日均值高于其他月份，最高温出现在 7 月，为 26.4℃，该月对应的土壤呼吸速率日均值为 4.606μmol/(m²·s)；最低温出现在 1 月，为 3.4℃，此时土壤呼吸速率最低，仅为 0.842μmol/(m²·s)。许多研究结论中指出，土壤呼吸速率与土壤温度之间存在一定的滞后性，但是这种滞后性在本研究中并没有表现出来。

6.3.2　土壤湿度的变化特征

淮南市潘集区降雨量及东辰生态园和潘一矿生态修复区土壤湿度的月变化见图 6-17。由图可知，潘集区全年降雨量变化趋势表现为夏季最高，春秋季次之，冬季最低，降雨情况多发期集中于 6～8 月，6 月、7 月和 8 月降雨量均超过 120mm。土壤湿度主要受降雨条件及土壤质地状况的影响，土壤质地决定土壤的持水性，而降雨情况的发生会直接提高土壤水分含量，即提高土壤湿度。东辰生态园和潘一矿生态修复区土壤湿度在 3 月、7 月和 1 月较高，5 月、9 月和 11 月较低，与该研究区降雨量在图 6-17 上并没有表现出明显的相关性，但这并不表明研究区土壤湿度与降雨量之间无相关性。这可能是因为降雨量选取的为当月总降雨量，而土壤湿度则为实验当天所得数值，且部分实验是在降雨发生不久后进行的，因此所得土壤湿度较大。

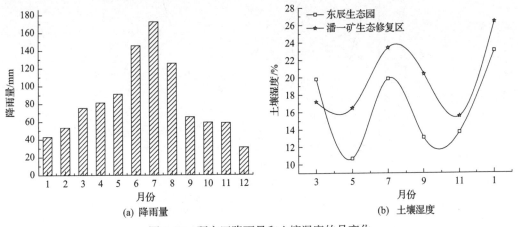

图 6-17　研究区降雨量和土壤湿度的月变化

东辰生态园和潘一矿生态修复区不同覆土厚度区土壤湿度的月变化见图 6-18。由图可知，不同覆土厚度区土壤湿度在不同月份的变化趋势表现出高度一致性，总体表现为 3 月、7 月、1 月较高，5 月、9 月、11 月较低，土壤湿度变化主要受降雨天气的影响，降雨多发时期土壤湿度较大，反之较小。东辰生态园和潘一矿生态修复区不同月份土壤呼吸速率和土壤湿度的变化见图 6-19，就土壤湿度而言，不同月份土壤湿度波动较大，全年呈规律性曲线变化。东辰生态园和潘一矿生态修复区土壤湿度变化分别在 10.6%～23.4% 和 13.2%～26.6%。除 3 月外，5 月、7 月、9 月、11 月、1 月东辰生态园土壤湿度低于潘一矿生态修复区，这与东辰生态园所选研究区位置有关，研究区为一片高台区，土壤水分易流失，此外，该区光照条件充足，蒸发量大，也会导致土壤湿度较低，3 月东辰生态园土壤湿度较高可能是因为在实验进行时，园区管理人员对研究区进行灌溉行为不久。夏季降雨量充足，东辰生态园和潘一矿生态修复区土壤

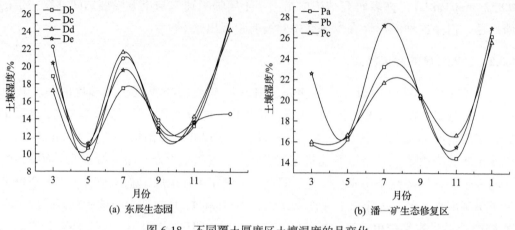

(a) 东辰生态园　　　　　　　　　　(b) 潘一矿生态修复区

图 6-18　不同覆土厚度区土壤湿度的月变化

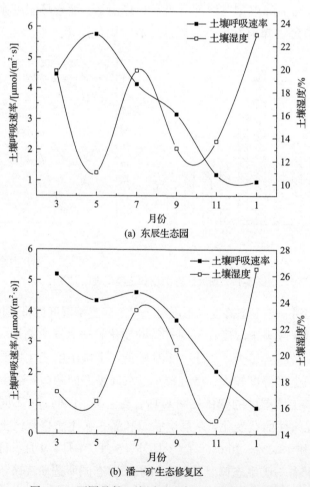

(a) 东辰生态园

(b) 潘一矿生态修复区

图 6-19　不同月份土壤呼吸速率和土壤湿度的变化

湿度在 7 月均出现了较高值，然而两个研究区土壤湿度的最高值均出现在 1 月，这与实验当天天气降雨有关，同样出现降雨行为，但 1 月湿度较高的原因可能在于 1 月光照强度较弱，蒸发量少，从而使土壤保持较湿润状态。

　　由图 6-19 可知，东辰生态园 7～11 月土壤呼吸速率随土壤湿度的减小呈递减趋势，之后，随土壤湿度的增加依然表现出降低趋势；潘一矿生态修复区土壤呼吸速率与土壤湿度的变化趋势基本一致：3～5 月和 7～11 月随土壤湿度的减小而降低，5～7 月随土壤湿度的增加而升高，11 月至次年 1 月与东辰生态园表现出相反的变化规律：即增加土壤湿度后土壤呼吸速率反而降低。这可能是因为冬季气温低，土壤易结冰，影响了土壤气体的扩散作用，同时冬季的土壤和大气环境不利于土壤中动植物及微生物生命活动的进行，从而使得冬季土壤呼吸速率较低，这也表明土壤湿度对土壤呼吸过程的影响弱于土壤温度。

6.4　环境因子对土壤呼吸的影响

6.4.1　土壤温度对土壤呼吸的影响

　　土壤温度是影响土壤呼吸作用的主要环境因子，该影响贯穿整个土壤呼吸过程。本研究用指数函数对两者之间的关系进行分析，这是因为在不考虑其他因素的条件下，用指数函数能更好地描述两者之间的关系。

　　将全年所得东辰生态园和潘一矿生态修复区土壤呼吸速率与土壤温度之间的关系作图，见图 6-20。由图可知，潘一矿生态修复区土壤呼吸速率与土壤温度之间的相关性（R^2=0.7247）略大于东辰生态园（R^2=0.7064），其中东辰生态园植被类型为草地，潘一矿生态修复区植被类型为乔木，即乔木土壤呼吸速率对土壤温度的敏感性高于草地土壤。这可能是因为潘一矿生态修复区土壤生态系统稳定性高于东辰生态园，动植

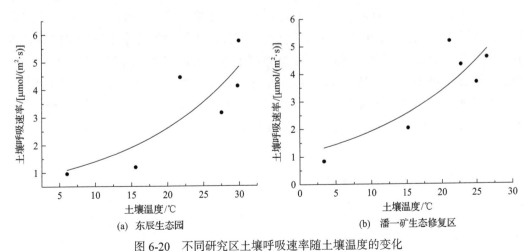

(a)　东辰生态园　　　　　　　　　　(b)　潘一矿生态修复区

图 6-20　不同研究区土壤呼吸速率随土壤温度的变化

物种类及活性优于东辰生态园，使得土壤温度对参与土壤呼吸过程的各种介质影响程度更大，从而提高该区土壤呼吸速率对土壤温度的敏感性。

由数据分析可知，在排除其他因素影响的情况下，土壤呼吸速率与土壤温度之间存在显著相关性，因此可以建立土壤呼吸速率与土壤温度之间的指数函数模型（指数模型相比于其他函数模型具有较高的 R^2），模型公式为式（6-3），拟合结果见表6-3。

$$Q = \alpha \times e^{\beta T} \tag{6-3}$$

式中，Q 为土壤呼吸速率 $[\mu mol/(m^2 \cdot s)]$；T 为温度（℃）；α、β 为常数。

$$Q_{10} = \exp(10 \times \beta) \tag{6-4}$$

式中，Q_{10} 为土壤呼吸的温度敏感性。

表 6-3　不同研究区土壤呼吸速率（Q）与土壤温度（T）的关系及 Q_{10} 值

研究区	拟合方程	R^2	Q_{10}
D	$Q = 0.7556e^{0.0619T}$	0.7064	1.9
P	$Q = 1.0947e^{0.0568T}$	0.7247	1.8
Db	$Q = 0.6842e^{0.0736T}$	0.7670	2.1
Dc	$Q = 0.7547e^{0.0496T}$	0.5026	1.6
Dd	$Q = 1.2575e^{0.0447T}$	0.5267	1.6
De	$Q = 0.6969e^{0.0654T}$	0.7133	1.9
Pa	$Q = 1.0652e^{0.0603T}$	0.8899	1.8
Pb	$Q = 1.1280e^{0.0387T}$	0.2611	1.5
Pc	$Q = 1.1096e^{0.0606T}$	0.6630	1.8

由数据分析可知，重构土壤呼吸速率与土壤温度之间相关性较高，土壤温度的变化可以解释土壤呼吸变异的 26%～89%，潘一矿生态修复区土壤呼吸速率受温度的影响程度高于东辰生态园。土壤温度对不同覆土厚度区土壤呼吸速率的影响程度差异性较大，当覆土厚度大于 40cm 时，东辰生态园土壤呼吸速率受土壤温度的影响程度随覆土厚度的增加而增加，20～40cm 区土壤呼吸速率的温度敏感性最高，表明该区域土壤呼吸速率更易受到土壤温度的影响；潘一矿生态修复区所选不同覆土厚度的实验小区数较少，因此无法确定土壤温度对土壤呼吸速率的影响程度与覆土厚度之间是否有一定的规律性。

6.4.2　土壤湿度对土壤呼吸的影响

土壤湿度是影响土壤呼吸过程的另一环境因子，主要通过两种途径参与土壤呼吸。土壤湿度对土壤呼吸作用的影响有一个阈值，未超过该值时，土壤湿度对土壤呼吸过程起促进作用，当超过该值时，土壤湿度的增加抑制土壤呼吸过程，即过高或过低的土壤湿度都会抑制土壤呼吸过程。

　　东辰生态园和潘一矿生态修复区土壤呼吸速率随土壤湿度的变化见图 6-21。由图可知，东辰生态园土壤呼吸速率与土壤湿度之间的相关性不显著($R^2=0.1298$)，这可能与该区地势及土壤质地有关，该区所选研究小区为一片高台区，持水性差，土壤水分易流失，降雨等天气造成的土壤含水量增加状态持续时间较短，未对土壤呼吸过程造成影响或影响时间较短，从而使得该区两者之间的相关性不显著。潘一矿生态修复区土壤呼吸速率与土壤湿度之间可以用多项式函数来表示，由图中曲线变化趋势可知该区土壤湿度的阈值为 20%。

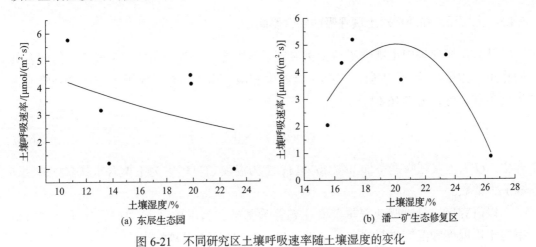

(a) 东辰生态园　　　　　　　　　　(b) 潘一矿生态修复区

图 6-21　不同研究区土壤呼吸速率随土壤湿度的变化

　　根据本实验研究结果，建立不同研究区土壤呼吸速率与土壤湿度之间的多项式函数模型，模型公式见式(6-5)，拟合结果见表 6-4。

$$Q = a \times W^2 + b \times W + c \tag{6-5}$$

式中，Q 为土壤呼吸速率[$\mu mol/(m^2 \cdot s)$]；W 为土壤含水量(%)；a、b、c 为常数。

表 6-4　不同研究区土壤呼吸速率(Q)与土壤湿度(W)之间的关系

研究区	拟合方程	R^2
D	$Q=-0.001W^2-0.110W+5.380$	0.1298
P	$Q=-0.101W^2+4.047W-35.597$	0.6886
Db	$Q=-0.004W^2-0.074W+6.538$	0.2709
Dc	$Q=0.077W^2-2.419W+19.850$	0.9463
Dd	$Q=-0.005W^2+0.004W+4.995$	0.2499
De	$Q=-0.023W^2+0.7168W-1.498$	0.1859
Pa	$Q=-0.102W^2+4.006W-33.837$	0.8134
Pb	$Q=-0.072W^2+3.078W-29.084$	0.4669
Pc	$Q=-0.073W^2+2.720W-20.672$	0.4466

表 6-4 中数据显示，土壤湿度的变化可以解释土壤呼吸变异的 13%～96%，东辰生态园土壤呼吸速率受土壤湿度的影响最为微弱，仅为 13%，远低于土壤湿度对潘一矿生态修复区土壤呼吸速率的影响。虽然在本研究中土壤湿度可以解释土壤呼吸速率的大部分变异，但这种影响程度在不同覆土厚度区差异性非常显著，东辰生态园和潘一矿生态修复区不同覆土厚度区土壤呼吸速率受土壤湿度的影响程度表现出随覆土厚度增加而减小的趋势（除东辰生态园 20～40cm 区），其中以东辰生态园覆土厚度为 40～60cm 区土壤呼吸速率受土壤湿度的影响最为明显，大于 100cm 区影响最为微弱。

6.4.3　土壤温度和湿度对土壤呼吸的综合影响

已有研究成果中土壤呼吸与土壤温度、湿度之间的关系函数模型较多，但两者共同作用模型函数较少，本研究选择土壤温度和湿度作为综合影响因子与土壤呼吸速率进行函数拟合，见式（6-6）：

$$Q = \alpha \times T^{\beta} \times W^{\gamma} \tag{6-6}$$

式中，Q 为土壤呼吸速率 $[\mu mol/(m^2 \cdot s)]$；T 为温度（℃）；W 为土壤含水量（%）；α、β 和 γ 为常数。

以研究区土壤呼吸速率季节变化趋势为基础，利用式（6-6）对研究区土壤呼吸速率与土壤温度和湿度进行拟合，结果见表 6-5，拟合效果较好。

表 6-5　土壤呼吸速率与环境因子拟合参数

研究区	拟合参数			R^2
	α	β	γ	
D	0.0145	1.0296	0.8059	0.9474
P	0.0736	0.6882	0.6177	0.8601
Db	0.0919	1.5389	−0.3964	0.7861
Dc	0.0393	1.0144	0.3644	0.5940
Dd	0.5826	0.8721	−0.3236	0.6145
De	0.0420	1.3409	0.0710	0.7256
Pa	0.224	1.4307	−0.5157	0.9425
Pb	0.1627	0.6157	0.3077	0.3509
Pc	1.1077	2.1016	−1.7663	0.8216

实际监测过程中，土壤温度和湿度对土壤呼吸速率的交叉影响很难分开。由表 6-5 中数据可知，两者对土壤呼吸的综合影响程度较高，可以解释土壤呼吸变异的 35%～95%。土壤温度和湿度对东辰生态园土壤呼吸速率的综合影响程度高于潘一矿生态修复区，研究区不同覆土厚度区土壤呼吸速率受两者的综合影响程度差异性较大，东辰

生态园不同覆土厚度区土壤呼吸速率受两者的综合影响程度随覆土厚度的增加而增加(除 20～40cm 区),但潘一矿生态修复区所选不同覆土厚度的实验小区数较少,因此并无法说明在该研究区是否存在这种规律性,但不同覆土厚度区土壤温度和湿度对土壤呼吸速率的影响差异性显著。

1)东辰生态园和潘一矿生态修复区 5cm 深度处土壤温度的日变化及月变化均呈单峰曲线形式,日变化趋势为从早上至 14:00 土壤温度随时间的推移而升高,之后逐渐降低;月变化趋势中以季节划分为夏季温度最高,春秋季次之,冬季最低。土壤湿度的月变化并没有表现出明显的季节性规律,而是随降雨情况发生变化,土壤温度和湿度与覆土厚度之间并没有表现出明显的规律性。

2)作为影响土壤呼吸作用的主要环境因子,土壤温度和湿度分别可以解释土壤呼吸变异的 26%～89%和 13%～96%,将土壤温度和湿度作为综合影响因素,可以解释土壤呼吸变异的 35%～95%,因此综合考虑土壤温度和湿度能更好地解释土壤呼吸的大部分变异。

6.5　非生长季的根系呼吸变化特征

为进一步研究实验小区不同覆土厚度条件下植物的根系呼吸变化特征,土壤温度和湿度对根系呼吸的影响,以及根系呼吸对土壤呼吸的贡献,选择潘一矿生态修复区进行非生长季植物的根系呼吸研究。对潘一矿生态修复区的覆土厚度进行大量探测表明,实验区上覆土层厚度主要为 10～70cm。根据实验区土壤覆盖厚度和植被类型差异的总体特征,将研究区划分为 4 个实验小区,分别为:A(10～25cm)、B(25～45cm)、C(45～55cm)和 D(55～65cm)。值得注意的是,C 区的人为扰动较强。确定各实验小区后,分别在各区域内挖一个长、宽为 40cm,深度为 45cm 的壕沟,四周设置 PVC 塑料板,以阻止外部根系入侵,回填土壤,并去除凋落物,作为无根对照区域。待壕沟土壤恢复至原有状态时,连续监测各实验小区内的土壤温度、含水量、土壤呼吸速率和根系呼吸速率,监测时间为 2017 年 11 月到 2018 年 4 月,每个月中旬连续监测 4 天。

6.5.1　不同覆土厚度条件下根系呼吸速率和土壤温度日变化特征

整个非生长季监测区域内 5cm 深的土壤温度在不同月份差异非常明显,8:00～12:00 升温较快,变化幅度大,下午温度变幅相对较小,变化曲线主要呈单峰形式;最低温度为 4.8℃,出现在 2018 年 1 月,最高温度为 27.5℃,出现在 2018 年 4 月,平均温度为 13.0℃(图 6-22)。研究发现,土壤温度日变化在 2018 年 1 月几乎没有波动,2018 年 3～4 月波动明显,各月份土壤温度极差大小顺序为 4 月(2018 年)>3 月(2018 年)>11 月(2017 年)>12 月(2017 年)>1 月(2018 年),分别为 5.5℃、4.2℃、

1.4℃、8.8℃、10.4℃。2017 年 11～12 月和 2018 年 1 月土壤温度最高值一般出现在
12:00～14:00，2018 年 3～4 月土壤温度最高值出现时间有所推迟，为 14:00～16:00。
对比不同覆土厚度区，整个非生长季土壤温度日变化极差大小顺序为 D＞C＞B＞A，
分别为 22.5℃、18.7℃、17.1℃、12.9℃。这说明，煤矸石充填复垦土壤温度随着覆
土厚度的增加，温度的波动性越大。

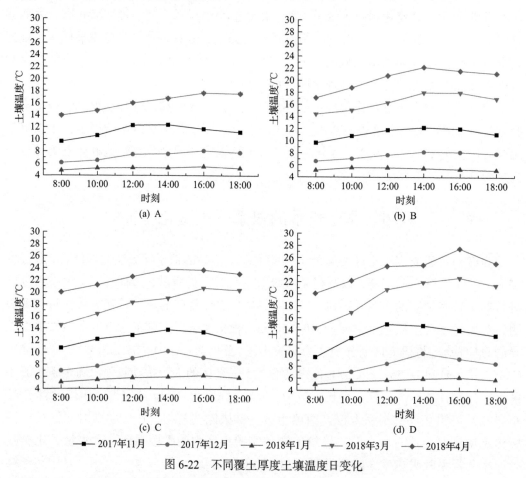

图 6-22　不同覆土厚度土壤温度日变化

　　图 6-23 为非生长季不同覆土厚度条件下根系呼吸速率的日变化。整个非生长季
观测期内(2017 年 11～12 月，2018 年 1 月、3 月、4 月)的根系呼吸速率日变化趋势
基本与土壤温度一致，最高值一般出现在 12:00～14:00，2018 年 3～4 月最高值出现
时间有所推迟，为 14:00～16:00，最低值出现在 2018 年 1 月，最高值出现在 2018 年
4 月，日变化范围为 0.047～1.33μmol/(m²·s)，平均值为 0.478μmol/(m²·s)。综合分析
发现，根系呼吸速率日变化在 2018 年 1 月波动较小，没有明显的波峰和波谷，而在
2017 年 11 月和 2018 年 4 月波动较为明显，各月根系呼吸速率日变化波动幅度大小顺
序为 11 月(2017 年)＞4 月(2018 年)＞3 月(2018 年)＞12 月(2017 年)＞1 月(2018 年)，
分别为 1.168μmol/(m²·s)、1.085μmol/(m²·s)、0.899μmol/(m²·s)、0.767μmol/(m²·s)、

0.109μmol/(m²·s)。对比不同覆土厚度，整个非生长季不同区域根系呼吸日变化速率存在较大的差异，变化范围在 0.729~1.237μmol/(m²·s)，差异性大小顺序为 B>D>A>C，根系呼吸速率日均值最大值均出现在 B 区，最小值均出现在 C 区。

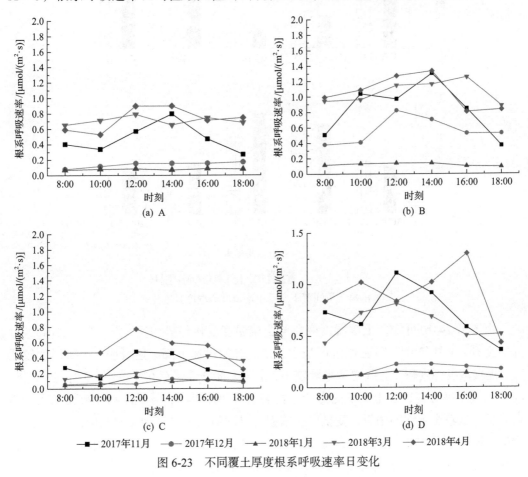

图 6-23　不同覆土厚度根系呼吸速率日变化

6.5.2　根系呼吸速率和土壤温度与湿度非生长季动态变化特征

（1）土壤温度与湿度月变化特征

由图 6-24(a)可知，土壤温度月变化呈抛物线形式，从 11 月(2017 年)开始缓慢下降，1 月(2018 年)土壤温度最低，之后开始迅速上升。从整个观测期来看，复垦区土壤温度月均值大小排序为 4 月(2018 年)>3 月(2018 年)>11 月(2017 年)>12 月(2017 年)>1 月(2018 年)，分别为 22.0℃、17.6℃、12.1℃、7.9℃、5.5℃。对比不同覆土厚度区，土壤温度整个非生长季均值大小顺序为 D>C>B>A，分别为14.18℃、13.45℃、12.18℃、12.16℃。因此，煤矸石充填复垦土壤温度随着覆土厚度变化具有明显的变化规律，主要表现为随着覆土厚度的增加而增加。

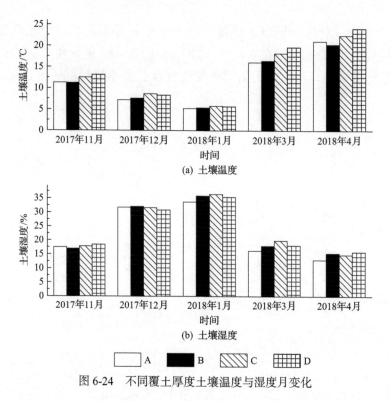

图 6-24　不同覆土厚度土壤温度与湿度月变化

由图 6-24(b)可知，土壤湿度变化与土壤温度变化趋势相反，从 11 月(2017 年)开始上升，1 月(2018 年)土壤湿度最大，之后开始迅速下降。这说明，土壤温度较低时，土壤蒸发强度较小，植物需水量较小，水分大部分都保存在土壤中；3 月(2018 年)随着土壤温度升高，表土蒸发能力和植物需水量快速提高，导致土壤中保留的水分迅速降低。从整个观测期来看，复垦区土壤湿度月均值大小排序为 1 月(2018 年)＞12 月(2017 年)＞3 月(2018 年)＞11 月(2017 年)＞4 月(2018 年)。对比不同覆土厚度区，土壤湿度整个非生长季均值大小顺序为 C＞D＞B＞A。

(2)根系呼吸速率月变化特征

研究发现，4 种不同覆土厚度复垦区域植物根系呼吸速率呈现明显的月变化(图 6-25)，且变化趋势大致一致，均为先降低后升高并在 1 月(2018 年)出现最低值。综合分析发现，各月根系呼吸速率在不同覆土厚度变幅不同，其中 3 月(2018 年)变幅最大，在 0.267～1.060μmol/(m²·s)，最大值是最小值的 3.97 倍；1 月(2018 年)变幅最小，在 0.078～0.127μmol/(m²·s)，最大值是最小值 1.63 倍；其余 3 个月变幅差异不大，大小顺序为 11 月(2017 年)＞4 月(2018 年)＞12 月(2017 年)，分别为 0.546μmol/(m²·s)、0.537μmol/(m²·s)、0.479μmol/(m²·s)。整个非生长季观测期，各月份根系呼吸速率均值大小顺序为 4 月(2018 年)＞3 月(2018 年)＞11 月(2017 年)＞12 月(2017 年)＞1 月(2018 年)，分别为 0.802μmol/(m²·s)、0.662μmol/(m²·s)、0.581μmol/(m²·s)、0.240μmol/(m²·s)、0.104μmol/(m²·s)，这说明根系呼吸速率与土壤温度变化有较好的

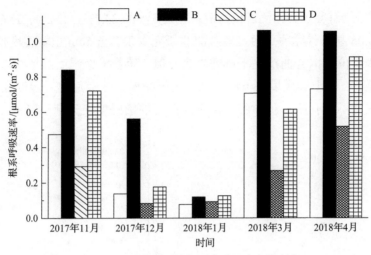

图 6-25　不同覆土厚度根系呼吸速率月变化

一致性，随着土壤温度的升高而升高。不同覆土厚度在各月份均值变化也有很大的差异，其中 B 区差异最大，为 0.940μmol/（m²·s）；C 区差异最小，为 0.434μmol/（m²·s）。对比不同覆土厚度，各监测区根系呼吸速率均值大小顺序为 B＞D＞A＞C，分别为 0.727μmol/（m²·s）、0.510μmol/（m²·s）、0.425μmol/（m²·s）、0.245μmol/（m²·s）。通过数据可以看出，人类活动对草本植物产生了较大的影响（C 区），抑制了根系呼吸速率。综合分析发现，在不同监测区根系呼吸速率均值大小顺序与土壤温度变化不一致，因此，这种特殊的"人造土壤"区域内植物根系呼吸速率可能受覆土厚度的影响更大。

6.5.3　根系呼吸速率动态变化对温度与湿度的响应

通过对 4 种不同覆土厚度条件下的 5cm 土壤温度与植物根系呼吸速率进行线性拟合、二项式拟合、幂函数拟合、指数拟合等多种方式进行相关分析，综合分析发现幂函数拟合为最佳的拟合模型。结果表明（图 6-26），煤矿重构修复区各监测区植物根系呼吸速率与 5cm 土壤温度有显著的指数关系（R^2 为 0.611～0.869），均达到极显著水平（$P<0.01$）。从拟合的效果看，A 区内植物根系呼吸速率与 5cm 土壤温度之间的关系最为显著，其次分别为 D、B、C 区。由图 6-26 可知，整个非生长季 5cm 土壤温度较低时，根系呼吸速率点位在拟合曲线上下紧密排列，拟合效果更佳，随着土壤温度的升高，点位越来越分散，拟合差异相对较大。这说明，当土壤温度较低时，复垦区植物根系呼吸速率对 5cm 土壤温度变化敏感度低，温度变化时根系呼吸速率变幅小；随着土壤温度的继续升高，根系呼吸速率对土壤温度的敏感度逐渐增高。

由图 6-27 可知，随着土壤湿度的升高，植物根系呼吸速率变化规律趋于复杂，无论土壤湿度低于 20%还是超过 25%时，根系呼吸速率与土壤温度间均未呈现显著相关关系。综合分析发现，复垦区植物根系呼吸速率和土壤湿度的关系用指数模型拟合最佳，指数模型分别解释了各监测区植物根系呼吸变异的 23.7%、22.2%、33.6%与 31.6%，但均未达到 0.05 显著性水平。通过拟合曲线研究发现，当 5cm 土壤湿度低于 20%时，根系呼吸速率点位在拟合曲线上下排列更为分散，随着土壤湿度的持续增加，点位逐渐密集。这说明，当土壤湿度较低时，复垦区植物根系呼吸速率对湿度变化的敏感度较高；随着湿度不断升高，根系呼吸速率对湿度的敏感度便逐渐下降。

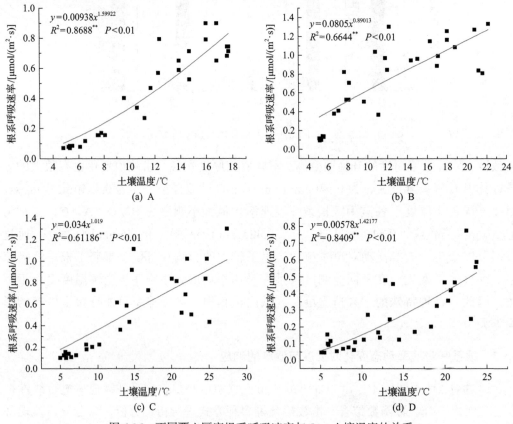

图 6-26　不同覆土厚度根系呼吸速率与 5cm 土壤温度的关系

** 表示极显著性相关($P < 0.01$)

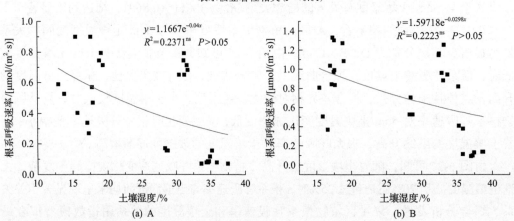

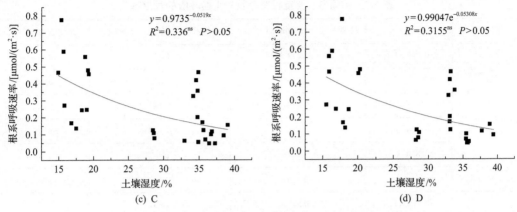

图 6-27　不同覆土厚度根系呼吸速率与 5cm 土壤湿度的关系

ns 表示不显著性相关（$P>0.05$）

经对比分析发现（图 6-26，图 6-27），整个观测期内土壤湿度与土壤呼吸速率的相关性明显低于土壤温度，土壤湿度的变化对根系呼吸贡献不大，因此修复区植物根系呼吸速率在非生长季变化上，土壤温度仍然是主要的控制因子。

6.5.4　根系呼吸对土壤呼吸总量的贡献

煤矿区复垦土壤植物根系呼吸对土壤呼吸的贡献率在整个非生长季节无明显差异，最大值与最小值差距大约 10%（表 6-6）。各月份贡献率大小顺序为 4 月（2018 年）＞3 月（2018 年）＞11 月（2017 年）＞1 月（2018 年）＞12 月（2017 年），分别为 57.20%、52.54%、50.74%、48.83%、46.42%。对比不同覆土厚度，B 区根系呼吸对土壤呼吸的贡献率最大，为 63.24%，其次为 D 与 C 区，分别为 54.72% 和 44.41%，A 区最小，为 41.56%（表 6-7）。

表 6-6　不同月份根系呼吸对土壤呼吸的贡献率

时间	根系呼吸速率/[μmol/(m²·s)]	土壤呼吸速率/[μmol/(m²·s)]	贡献率/%
2017 年 11 月	0.581	1.145	50.74
2017 年 12 月	0.240	0.517	46.42
2018 年 1 月	0.104	0.213	48.83
2018 年 3 月	0.662	1.260	52.54
2018 年 4 月	0.802	1.402	57.20

综合分析发现（表 6-7），整个非生长季各月份不同覆土厚度根系呼吸对土壤呼吸的贡献率差异较大。最大值出现在 2017 年 12 月的 B 区，为 83.01%；最小值出现在 2017 年 12 月的 A 区，为 16.14%。

表 6-7　不同覆土厚度根系呼吸对土壤呼吸的贡献率

监测区	时间	根系呼吸速率/[μmol/(m²·s)]	土壤呼吸速率/[μmol/(m²·s)]	贡献率/%
A	2017 年 11 月	0.473	1.228	38.52
	2017 年 12 月	0.138	0.855	16.14
	2018 年 1 月	0.078	0.189	41.27
	2018 年 3 月	0.705	1.137	62.00
	2018 年 4 月	0.729	1.462	49.86
	平均值	0.425	0.974	41.56
B	2017 年 11 月	0.839	1.337	62.75
	2017 年 12 月	0.562	0.677	83.01
	2018 年 1 月	0.120	0.222	54.05
	2018 年 3 月	1.060	1.808	58.62
	2018 年 4 月	1.054	1.824	57.79
	平均值	0.727	1.174	63.24
C	2017 年 11 月	0.293	0.635	46.14
	2017 年 12 月	0.083	0.172	48.26
	2018 年 1 月	0.093	0.203	45.81
	2018 年 3 月	0.267	0.943	28.31
	2018 年 4 月	0.517	0.966	53.52
	平均值	0.251	0.584	44.41
D	2017 年 11 月	0.721	1.399	51.54
	2017 年 12 月	0.177	0.366	48.36
	2018 年 1 月	0.127	0.239	53.14
	2018 年 3 月	0.615	1.151	53.43
	2018 年 4 月	0.909	1.354	67.13
	平均值	0.510	0.902	54.72

6.6　本章小结

1) 重构土壤呼吸速率的日动态变化中,不同研究区不同覆土厚度区土壤呼吸速率在不同月份的日动态变化趋势存在一定的差异性,但总体呈单峰曲线变化,最高值出现在 12:00~14:00,最低值出现在 08:00 或 18:00,土壤呼吸速率的日均值可用当天 10:00

或 16:00 所得土壤呼吸速率来表示，东辰生态园土壤呼吸速率总体上小于潘一矿生态修复区。土壤呼吸速率月变化的最高值出现在 5～7 月，最低值出现在 1 月，总体表现为夏季高、春秋季次之、冬季最低的特点，不同覆土厚度区土壤呼吸速率的差异较大，但两者之间并没有表现出明显的规律性。

2）土壤温度和湿度是影响土壤呼吸过程的重要环境因子，研究区 5cm 土壤温度的日变化与月变化均呈单峰曲线形式，日变化中最高值出现在 14:00，最低值多出现在 08:00，月变化中最高值出现在 5～7 月，最低值出现在 1 月；土壤湿度的变化与降雨量具有显著相关性。土壤温度和湿度分别作为单独影响因子可以解释土壤呼吸变异的 26%～89% 和 13%～96%，作为综合影响因子可以解释土壤呼吸变异的 35%～95%。

3）研究区煤矸石充填重构土壤非生长季根系呼吸速率日趋势大致与土壤温度一致，呈单峰形态分布。最高峰一般出现在 12:00～14:00，2018 年 3～4 月最高值出现时间有所推迟，为 14:00～16:00。整个监测期内，各月份根系呼吸速率均值大小顺序为 4 月（2018 年）＞3 月（2018 年）＞11 月（2017 年）＞12 月（2017 年）＞1 月（2018 年）。对比不同覆土厚度，25～45cm 根系呼吸速率均大于其他监测区域，从根系呼吸速率的变化角度来看，25～45cm 应是研究区煤矸石充填重构土壤中最有利于植物生长的覆土厚度。

4）不同覆土厚度区根系呼吸速率均与 5cm 土壤温度呈显著的指数关系，土壤含水量的变化对根系呼吸贡献不大，研究区植物根系呼吸速率在非生长季，土壤温度仍然是主要的控制因子。

5）整个观测期内，研究区域根系呼吸对土壤呼吸的贡献率随着温度的升高而升高。对比不同覆土厚度，各监测区根系呼吸对土壤呼吸贡献率大小顺序为 B＞D＞C＞A，分别为 63.24%、54.72%、44.41%、41.56%。

参 考 文 献

白由路. 2017. 腐植酸研究的回顾与展望[J]. 腐植酸, (4): 63.

鲍士旦. 2000. 土壤农化分析[M]. 3版. 北京: 中国农业出版社.

卞晓红, 张绍良. 2010. 碳足迹研究现状综述[J]. 环境保护与循环经济, (10): 16-18.

蔡毅. 2015. 表生作用下煤矸石风化特征研究[D]. 淮南: 安徽理工大学.

蔡毅, 严家平, 陈孝杨, 等. 2015. 表生作用下煤矸石风化特征研究——以淮南矿区为例[J]. 中国矿业大学学报, 44(5): 937-943.

陈光水, 杨玉盛, 王小国, 等. 2005. 格氏栲天然林与人工林根系呼吸季节动态及影响因素[J]. 生态学报, 25(8): 1941-1947.

陈怀满. 2010. 环境土壤学[M]. 2版. 北京: 科学出版社.

陈继康, 李素娟, 张宇, 等. 2009. 不同耕作方式麦田土壤温度及其对气温的响应特征——土壤温度日变化及其对气温的响应[J]. 中国农业科学, 42(7): 2592-2600.

陈敏, 陈孝杨, 桂和荣, 等. 2017. 煤矸石充填重构土壤剖面温度变化对覆土厚度的响应[J]. 煤炭学报, 42(12): 3270-3279.

陈全胜, 李凌浩, 韩兴国, 等. 2004. 典型温带草原群落土壤呼吸温度敏感性与土壤水分的关系[J]. 生态学报, 24(4): 831-836.

陈胜华, 胡振琪, 陈星彤, 等. 2007. 煤矸石山酸化的内外因分析及防治措施[J]. 煤炭科学技术, 35(2): 90-92, 96.

陈书涛, 胡正华, 张勇, 等. 2011. 陆地生态系统土壤呼吸时空变异的影响因素研究进展[J]. 环境科学, 32(8): 2184-2192.

陈孝杨, 王芳, 严家平, 等. 2016. 覆土厚度对矿区复垦土壤呼吸昼夜变化的影响[J]. 中国矿业大学学报, 45(1): 163-169.

陈中星. 2018. 福建省土壤有机碳储量估算的尺度效应研究[D]. 福州: 福建农林大学.

邓宣凯, 刘艳芳, 李纪伟. 2012. 区域能源碳足迹计算模型比较研究——以湖北省为例[J]. 生态环境学报, (9): 1533-1538.

邸佳颖, 刘晓娜, 任图生. 2012. 原状土与装填土热特性的比较[J]. 农业工程学报, 28(21): 74-79.

窦森. 2010. 土壤有机质[M]. 北京: 科学出版社.

窦森, 陈恩凤, 须湘成, 等. 1992. 土壤有机培肥后胡敏酸结构特征变化规律的探讨——I. 胡敏酸的化学性质和热性质[J]. 土壤学报, (2): 199-207.

范博, 王占义, 李海菁, 等. 2023. 生物炭基磷肥和补播对荒漠草原土壤呼吸的影响[J]. 草业科学, 40(7): 1711-1719.

范志平, 王琼, 李法云. 2018. 辽东山地不同森林类型土壤有机碳季节动态及其驱动因子[J]. 生态学杂志, 37(11): 3220-3230.

方丽娜, 杨效东, 杜杰. 2011. 土地利用方式对西双版纳热带森林土壤微生物生物量碳的影响[J]. 应用生态学报, 22(4): 837-844.

方新麟, 黄刚, 王晶晶, 等. 2023. 沿海拔梯度神农架土壤呼吸特征及其温度敏感性[J]. 安徽农业科学, 51(19): 47-52.

房飞, 唐海萍, 李滨勇. 2013. 不同土地利用方式对土壤有机碳及其组分影响研究[J]. 生态环境学报, 22(11): 1774-1779.

高雅晓玲, 苗淑杰, 乔云发, 等. 2020. 干湿循环促进风沙土土壤有机碳矿化[J]. 干旱区资源与环境, 34(1): 140-147.

耿涌, 董会娟, 郗凤明, 等. 2010. 应对气候变化的碳足迹研究综述[J]. 中国人口·资源与环境, (10): 6-12.

郭建平. 2015. 气候变化对中国农业生产的影响研究进展[J]. 应用气象学报, (1): 1-11.

郭友红. 2020. 采煤塌陷区耕地土壤培肥与改良措施[J]. 矿山测量, 48(2): 111-114.

韩琳, 张玉龙, 金烁, 等. 2010. 灌溉模式对保护地土壤可溶性有机碳与微生物量碳的影响[J]. 中国农业科学, 43(8): 1625-1633.

韩源. 2009. 不同土地利用方式下土壤 CO_2 排放通量的动态特征及影响因素研究[D]. 吉林: 吉林大学.

何跃, 张甘霖. 2006. 城市土壤有机碳和黑碳的含量特征与来源分析[J]. 土壤学报, 43(2): 177-182.

侯琳, 雷瑞德, 王得祥, 等. 2006. 森林生态系统土壤呼吸研究进展[J]. 土壤通报, 37(3): 589-594.

胡振琪. 1997. 煤矿山复垦土壤剖面重构的基本原理与方法[J]. 煤炭学报, 22(6): 617-622.

胡振琪. 2022. 矿山复垦土壤重构的理论与方法[J]. 煤炭学报, 47(7): 2499-2515.

胡振琪, 魏忠义, 秦萍. 2005. 矿山复垦土壤重构的概念与方法[J]. 土壤, 37(1): 8-12.

黄晓娜, 李新举, 刘宁, 等. 2014. 煤矿塌陷区不同复垦年限土壤颗粒组成分形特征[J]. 煤炭学报, 39(6): 1140-1146.

姜艳. 毛竹林. 2010. 土壤呼吸及其三个生物学过程的时空格局变化研究[D]. 北京: 中国林业科学研究院.

金雯晖, 杨劲松, 王相平. 2013. 滩涂土壤有机碳空间分布与围垦年限相关性分析[J]. 农业工程学报, 29(5): 89-94.

李保杰, 褚帅. 2023. 复垦矿区土地利用程度时空分异研究——以贾汪矿区为例[J]. 矿业研究与开发, 43(4): 154-159.

李博, 王金满, 王洪丹, 等. 2016. 煤矿区土壤有机碳含量测算与影响因素研究进展[J]. 土壤, (3): 434-441.

李国栋, 张俊华, 陈聪, 等. 2013. 气候变化背景下中国陆地生态系统碳储量及碳通量研究进展[J]. 生态环境学报, (5): 873-878.

李慧星, 夏自强, 马广慧. 2007. 含水量变化对土壤温度和水分交换的影响研究[J]. 河海大学学报(自然科学版), 35(2): 172-175.

李凯. 2006. 土壤胡敏素组成及其对不同氧气和二氧化碳浓度的响应[D]. 长春: 吉林农业大学.

李玲, 宋莹, 陈胜华, 等. 2007. 矿区土壤环境修复[J]. 中国水土保持, (4): 22-24.

李顺姬, 邱莉萍, 张兴昌. 2010. 黄土高原土壤有机碳矿化及其与土壤理化性质的关系[J]. 生态学报, 30(5): 1217-1226.

李太魁, 朱波, 王小国, 等. 2013. 土地利用方式对土壤活性有机碳含量影响的初步研究[J]. 土壤通报, 44(1): 46-51.

李涛, 李芹, 王树明, 等. 2015. 云南河口不同树龄人工橡胶林土壤 CO_2 浓度的变化规律及其影响因素[J]. 热带作物学报, 36(1): 9-15.

李婷. 2008. 测定土壤热性质的热信号方法[D]. 西安: 西安理工大学.

李毅, 王文焰, 王全九, 等. 2002. 温度势梯度下土壤水平一维水盐运动特征的实验研究[J]. 农业工程学报, 18(6): 4-8.

李兆富, 吕宪国, 杨青. 2002. 湿地土壤 CO_2 通量研究进展[J]. 生态学杂志, 21(6): 47-50.

梁福源, 宋林华, 王静. 2003. 土壤 CO_2 浓度昼夜变化及其对土壤 CO_2 排放量的影响[J]. 地理科学进展, 22(2): 170-176.

梁重山, 刘丛强, 党志. 2001. 现代分析技术在土壤腐殖质研究中的应用[J]. 土壤, 33(3): 154-158.

廖艳, 杨忠芳, 夏学齐, 等. 2011. 青藏高原冻土土壤呼吸温度敏感性和不同活性有机碳组分研究[J]. 地学前缘, 18(6): 86-93.

林启美, 吴玉光, 刘焕龙. 1999. 熏蒸法测定土壤微生物量碳的改进[J]. 生态学杂志, (2): 63-66.

林雅超, 高广磊, 丁国栋, 等. 2020. 沙地樟子松人工林土壤理化性质与微生物生物量的动态变化[J].生态学杂志, 39(5): 1445-1454.

刘秉儒. 2010. 贺兰山东坡典型植物群落土壤微生物量碳、氮沿海拔梯度的变化特征[J]. 生态环境学报, 19(4): 883-888.

刘辉志, 涂钢, 董文杰, 等. 2006. 半干旱地区地气界面水汽和二氧化碳通量的日变化及季节变化[J]. 大气科学, 30(1): 108-118.

刘玉杰, 王世杰, 刘秀明, 等. 2011. 茂兰喀斯特植被演替中土壤微生物量碳氮研究[J]. 地球与环境, 39(2): 188-195.

刘允芬, 欧阳华, 曹广民, 等. 2001. 青藏高原东部生态系统土壤碳排放[J]. 自然资源学报, 16(2): 152-159.

柳敏, 宇万太, 姜子绍, 等. 2006. 土壤活性有机碳[J]. 生态学杂志, 25(11): 1412-1417.

鲁如坤. 2000. 土壤农业化学分析方法[M]. 北京: 中国农业科技出版社.

陆银龙, 王连国, 唐芙蓉, 等. 2012. 煤炭地下气化过程中温度-应力耦合作用下燃空区覆岩裂隙演化规律[J]. 煤炭学报, 37(8): 1292-1298.

吕殿青, 邵明安, 刘春平. 2006. 容重对土壤饱和水分运动参数的影响[J]. 水土保持学报, 20(3): 154-157.

吕国红, 周广胜, 周莉, 等.2006. 土壤溶解性有机碳测定方法与应用[J]. 气象与环境学报, 22(2): 51-55.

罗佳琳, 赵亚慧, 于建光, 等. 2021. 麦秸与氮肥配施对水稻根际区土壤微生物量碳氮的影响[J]. 中国生态农业学报(中英文), 29(9): 1582-1591.

罗梅, 郭龙, 张海涛, 等. 2020. 基于环境变量的中国土壤有机碳空间分布特征[J]. 土壤学报, 57(1): 48-59.

罗上华, 毛齐正, 马克明, 等. 2012. 城市土壤碳循环与碳固持研究综述[J]. 生态学报, 32(22): 7177-7189.

马保国, 王健, 刘婧然, 等. 2014. 煤矸石基质土壤的水分入渗试验研究[J]. 煤炭学报, 39(12): 2501-2506.

马云飞, 罗会斌, 宋街明, 等. 2013. 我国部分典型植烟区土壤腐殖质组成特征及其与部分土壤因子的关系[J]. 中国烟草学报, (1): 21-25.

马云飞, 尹启生, 张艳玲,等. 2011. 豫中烟区土壤腐殖质组成特征及其与烟叶常规化学成分的关系[J]. 烟草科技, 49(4): 7-13.

宁丽丹. 2005. 土壤腐殖质与土壤团聚体抗侵蚀能力的关系研究[D]. 重庆: 西南师范大学.

潘德成, 邓春晖, 吴祥云, 等. 2014. 矿山复垦区土壤水分时空分布对植被恢复的影响[J]. 干旱区资源与环境, (3): 96-100.

邱汉周. 2012. 淮南潘集煤矿区植被恢复模式及其土壤修复效应研究[D]. 长沙: 中南林业科技大学.

冉漫雪, 丁军军, 孙东宝, 等. 2024. 全球气候变化下土壤呼吸对温度和水分变化的响应特征综述[J].中国农业气象, 45(1): 1-11.

沈阳农业大学土地与环境学院. 1998. 中国农业资源与环境持续发展的探讨——庆贺唐耀先教授八十华诞纪念论文集[M]. 沈阳: 辽宁科学技术出版社.

施翠娥, 艾弗逊, 汪承润, 等. 2016. 大气 CO_2 和 O_3 升高对菜地土壤酶活性和微生物量的影响[J]. 农业环境科学学报, (6): 1103-1109.

史学军, 潘剑君, 陈锦盈, 等. 2009. 不同类型凋落物对土壤有机碳矿化的影响[J]. 环境科学, 30(6): 1832-1836.

孙纪杰, 李新举. 2014. 不同复垦方式对煤矿复垦区土壤物理性状的影响[J]. 土壤通报, (3): 608-612.

谭梦, 黄贤金, 钟太洋, 等. 2011. 土地整理对农田土壤碳含量的影响[J]. 农业工程学报, 27(8): 324-329.

唐薇, 赵志忠, 王军广, 等. 2021. 不同耕作制度下稻田土壤有机碳垂直分布季节变化及其影响因素——以海南省定安县为例[J]. 西南农业学报, 34(9): 1932-1938.

陶晓, 赵竑绯, 徐小牛. 2011. 合肥市不同绿地类型土壤溶解性有机碳变化规律[J]. 东北林业大学学报, (12): 63-66.

田淑珍, 邹永久. 1987. 吉林省几种主要土壤腐殖质组成性质的研究[J]. 土壤通报, (1): 23-26.

万忠梅, 宋长春, 杨桂生, 等. 2009. 三江平原湿地土壤活性有机碳组分特征及其与土壤酶活性的关系[J]. 环境科学学报, 29(2): 406-412.

王传宽, 杨金艳. 2005. 北方森林土壤呼吸和木质残体分解释放出的 CO_2 通量[J]. 生态学报, 16(1): 49-53.

王春红, 王治国, 铁梅, 等. 2004. 河沟流域土壤水分空间变化与植被分布与生物量研究[J]. 中国水土保持科学, 2(2): 18-23.

王光军, 田大伦, 朱凡, 等. 2008. 枫香和樟树人工林土壤呼吸及其影响因子的比较[J]. 生态学报, 28(9): 4107-4114.

王启兰, 王长庭, 杜岩功, 等. 2008. 放牧对高寒嵩草草甸土壤微生物量碳的影响及其与土壤环境的关系[J]. 草业学报, 17(2): 39-46.

王绍强, 刘纪远, 于贵瑞. 2003. 中国陆地土壤有机碳蓄积量估算误差分析[J]. 应用生态学报, 14(5): 797-802.

王顺, 陈敏, 陈孝杨, 等. 2017. 煤矸石充填重构土壤水分再分布与剖面气热变化试验研究[J]. 水土保持学报, 31(4): 93-98.

王天高, 何淑勤, 尹忠, 等. 2014. 山地森林/干旱河谷交错带不同植被条件下土壤团聚体及其腐殖质分布特征[J]. 水土保持学报, 28(6): 222-227.

王万江. 2010. 不同经营模式杨树人工林土壤碳库特征初步研究[D]. 南京: 南京林业大学.

王微, 林剑艺, 崔胜辉, 等. 2010. 碳足迹分析方法研究综述[J]. 环境科学与技术, (7): 71-78.

王伟, 张洪江, 张成梁, 等. 2008. 煤矸石山植被恢复影响因子初探——以山西省阳泉市 280 煤矸石山为例[J]. 水土保持通报, 28(2): 147-152.

王卫华, 王全九, 王铄. 2012. 土石混合介质导气率变化特征试验[J]. 农业工程学报, 28(4): 82-88.

王曦, 严家平, 喻怀君, 等. 2013. 矿区充填复垦地煤矸石层水分竖直上移特征试验研究[J]. 煤炭工程, 45(11): 99-101.

王鑫, 王金成, 刘建新. 2014. 不同恢复阶段人工沙棘林土壤腐殖质组成及性质[J]. 水土保持通报, 34(5): 49-54.

王亚军, 郁珊珊. 2016. 西双版纳热带季雨林土壤呼吸变化规律及其影响因素[J]. 水土保持研究, 23(1): 133-138, 144.

王莹, 阮宏华, 黄亮亮, 等. 2010. 围湖造田不同土地利用方式土壤活性有机碳的变化[J]. 生态学杂志, 29(4): 741-748.

位蓓蕾, 高杨, 王培俊, 等. 2012. 不同充填基质对复垦覆土层影响的研究进展[J]. 贵州农业科学, 40(11): 141-144.

魏忠义, 胡振琪, 白中科. 2001. 露天煤矿排土场平台"堆状地面"土壤重构方法[J]. 煤炭学报, 26(1): 19-22.

文启孝. 1984. 土壤有机质研究法[M]. 北京: 农业出版社.

吴建国, 张小全, 徐德应. 2004. 六盘山林区几种土地利用方式对土壤有机碳矿化影响的比较[J]. 植物生态学报, 28(4):

530-538.

武天云, Schoenau J J, 李凤民, 等.2004. 土壤有机质概念和分组技术研究进展[J]. 应用生态学报, (4): 717-722.

夏荣基.1982. 土壤有机质研究法[M]. 北京: 科学出版社.

夏自强.2001. 温度变化对土壤水运动影响研究[J]. 地球信息科学学报, 3(4): 19-24.

肖好燕, 刘宝, 余再鹏, 等. 2016. 亚热带典型林分对表层和深层土壤可溶性有机碳、氮的影响[J]. 应用生态学报, 27(4): 1031-1038.

肖彦春.2004. 土壤胡敏素分组及特性的研究[D]. 长春: 吉林农业大学.

解宪丽.2004. 基于 GIS 的国家尺度和区域尺度土壤有机碳库研究[D]. 南京: 南京师范大学.

辛继红, 高红贝, 邵明安.2009. 土壤温度对土壤水分入渗的影响[J]. 水土保持学报, 23(3): 217-220.

许信旺, 潘根兴, 曹志红, 等.2007. 安徽省土壤有机碳空间差异及影响因素[J]. 地理研究, 26(6): 1077-1086.

闫靖华, 张凤华, 李瑞玺, 等. 2013. 盐渍化弃耕地不同恢复模式下土壤有机碳及呼吸速率的变化[J]. 土壤, 45(46): 661-665.

闫美芳, 张新时, 周广胜.2010. 不同树龄杨树人工林的根系呼吸季节动态[J]. 生态学报, 30(13): 3449-3456.

闫美杰, 时伟宇, 杜盛.2010. 土壤呼吸测定方法述评与展望[J]. 水土保持研究, (6): 148-152.

杨桦. 2023. 滇南喀斯特断陷盆地土地利用方式对土壤有机碳及其活性组分的影响[J]. 生态学报, (17): 7105-7117.

杨继松, 刘景双, 孙丽娜.2008. 温度、水分对湿地土壤有机碳矿化的影响[J]. 生态学杂志, 27(1): 38-42.

杨俐苹, 白由路, 王向阳, 等.2011. 比色法测定土壤腐殖质组分的研究[J]. 腐植酸, (1): 15-19.

杨渺, 李贤伟, 张健, 等.2007. 植被覆盖变化过程中土壤有机碳库动态及其影响因素研究进展[J]. 草业学报, (4): 126-138.

杨庆朋, 徐明, 刘洪升, 等.2011. 土壤呼吸温度敏感性的影响因素和不确定性[J]. 生态学报, 31(8): 2301-2311.

杨玉盛, 邱仁辉, 俞新妥, 等. 1999. 不同栽植代数 29 年生杉木林土壤腐殖质及结合形态的研究[J]. 林业科学, 35(3): 116-119.

于水强.2003. CO$_2$ 和 O$_2$ 浓度对土壤腐殖质形成与转化的影响[D]. 长春: 吉林农业大学.

于水强, 窦森, 张晋京, 等. 2005. 不同氧气浓度对玉米秸秆分解期间腐殖物质形成的影响[J]. 吉林农业大学学报, 27(5): 528-533.

余健, 房莉, 方凤满, 等. 2023. 徐州高潜水位区采煤塌陷地及其复垦土壤碳变化[J]. 煤炭学报, 48(7): 2881-2892.

余健, 房莉, 李涵韬, 等. 2014. 采煤塌陷地及其复垦土壤颗粒分布与分形特征[J]. 中国矿业大学学报, 43(6): 1095-1101.

禹朴家, 范高华, 韩可欣, 等. 2018. 基于土壤微生物生物量碳和酶活性指标的土壤肥力质量评价初探[J]. 农业现代化研究, 39(1): 163-169.

原樱其, 朱仁超, 杨宇, 等. 2023. 不同生态系统土壤呼吸影响因素研究进展[J]. 世界林业研究, 36(4): 15-21.

曾天慧, 胡海波, 张勇, 等. 2015. 不同植被群落土壤水溶性有机碳的变化特征[J]. 水土保持通报, (3): 49-54.

张东秋, 石培礼, 张宪洲.2005. 土壤呼吸主要影响因素的研究进展[J]. 地球科学进展, 20(7): 778-785.

张法伟, 郭竹筠, 林丽, 等. 2012. 青海湖芨芨草干草原浅层土壤温度和导温率的基本特征[J]. 中国农业气象, 33(1): 66-70.

张甘霖, 龚子同. 2012. 土壤调查实验室分析方法[M]. 北京: 科学出版社.

张甘霖, 何跃, 龚子同. 2004. 人为土壤有机碳的分布特征及其固定意义[J]. 第四纪研究, 24(2): 149-159.

张葛. 2015. 自然和人为添加生物质炭对土壤腐殖质碳和黑碳的影响[D]. 长春: 吉林农业大学.

张葛, 窦森, 谢祖彬, 等. 2016. 施用生物质炭对土壤腐殖质组成和胡敏酸结构特征影响[J]. 环境科学学报, 36(2): 614-620.

张青青, 伍海兵, 梁晶. 2020. 上海市绿地表层土壤有机碳储量的估算[J]. 土壤, 52(4): 819-824.

张睿博, 汪金松, 王全成, 等. 2023. 土壤颗粒态有机碳与矿物结合态有机碳对气候变暖响应的研究进展[J]. 地理科学进展, 42(12): 2471-2484.

张伟. 2014. 纯培养和土壤中微生物形成的腐殖质研究[D]. 长春: 吉林农业大学.

张轩, 张强, 郜春花, 等.2015. 覆土厚度对煤矸石山复垦土壤水分及大豆生长的影响[J]. 山西农业科学, 43(8): 968-971.

张延军, 于子望, 黄芮, 等.2009. 岩土热导率测量和温度影响研究[J]. 岩土工程学报, 31(2): 213-217.

赵光影, 刘景双, 王洋, 等. 2011. CO$_2$ 浓度升高对三江平原湿地活性有机碳及土壤微生物的影响[J]. 地理与地理信息科学, (2): 96-100.

赵晶, 牛怡, 张仁陟, 等. 2015. 旱作覆膜条件下秸秆促腐还田土壤微生物量碳氮的变化特征[J]. 甘肃农业大学报, 50(4): 109-114.

赵梦凡, 景元书, 李健. 2016. 丘陵红壤区花生地与西瓜地土壤温度特征及气象因素影响[J]. 江西农业大学学报, 38(5): 1002-1008.

赵宁伟, 郜春花, 李建华. 2011. 土壤呼吸研究进展及其测定方法概述[J]. 山西农业科学, 39(1): 91-94.

郑姚闽, 牛振国, 宫鹏, 等. 2013. 湿地碳计量方法及中国湿地有机碳库初步估计[J]. 科学通报, (2): 170-180.

钟桐生. 2009. 土壤腐殖酸酸性质及其化学传感器的研究[D]. 长沙: 湖南大学.

周成虎, 周启鸣, 王绍强. 2003. 中国土壤有机碳库空间分布的分析与估算[J]. Ambio-人类环境杂志, 32(1): 6-12.

周际, 赵财胜, 张丽佳, 等. 2023. 矿区土地复垦与土壤修复研究进展[J]. 东北师大学报(自然科学版), 55(1): 151-156.

周义贵, 郝凯婕, 李贤伟, 等. 2014. 川西亚高山不同土地利用类型对土壤微生物量碳动态特征的影响[J]. 自然资源学报, 29(11): 1944-1956.

周育智, 陈孝杨, 王芳, 等. 2016. 安徽省淮南市采煤沉陷生态修复区表层土壤有机碳分布[J]. 江苏农业科学, (9): 439-442.

朱宝文, 张得元, 哈承智, 等. 2010. 青海湖北岸土壤温度变化特征[J]. 冰川冻土, 32(4): 844-850.

朱敏, 张振华, 潘英华, 等. 2013. 土壤质地及容重和含水率对其导气率影响的实验研究[J]. 干旱地区农业研究, 31(2): 116-121.

Abbas F, Hammad H M, Ishaq W, et al. 2020. A review of soil carbon dynamics resulting from agricultural practices[J]. Journal of Environmental Management, 268: 110319.

Acosta M, Pavelka M, Montagnani L, et al. 2013. Soil surface CO$_2$ efflux measurements in Norway spruce forests: Comparison between four different sites across Europe — from boreal to alpine forest[J]. Geoderma, 192: 295-303.

Aiken G R, Mcknight D M, Wershaw R L, et al. 1985. Humic substances in soil, sediment, and water: Geochemistry, isolation and characterization[J]. Quarterly Review of Biology, 142(5): 329-362.

Al-Maktoumi A, Kacimov A, Al-Ismaily S, et al. 2015. Infiltration into two-layered soil: The Green-Ampt and Averyanov models revisited[J]. Transport in Porous Media, 109(1): 169-193.

Andreas S, Sophie Z, Robert J. 2009. Carbon losses due to soil warming: Do autotrophic and heterotrophic soil respiration respond equally[J]. Global Change Biology, 15(4): 901-913.

Andreetta A, Cecchini G, Bonifacio E, et al. 2016. Tree or soil? Factors influencing humus form differentiation in Italian forests[J]. Geoderma, 264: 195-204.

Anne N M, Heather A A. 2012. Proposed classification for human modified soils in Canada: Anthroposolic order[J]. Canada Journal of Soil Science, 92: 7-18.

Bahn M, Rodeghiero M. 2008. Soil respiration in European grasslands in relation to climate and assimilate supply[J]. Ecosystems, 11: 1352-1367.

Bailey V L, Smith J L, Hjr B. 2002. Fungal-to-bacterial ratios in soils investigated for enhanced C sequestration[J]. Soil Biology & Biochemistry, 34(7): 997-1007.

Balogh J, Pintér K, Fóti S, et al. 2011. Dependence of soil respiration on soil moisture, clay content, soil organic matter, and CO$_2$ uptake in dry grasslands[J]. Soil Biology & Biochemistry, 43: 1006-1013.

Bayranvand M, Kooch Y, Hosseini S M, et al. 2017. Humus forms in relation to altitude and forest type in the Northern mountainous regions of Iran[J]. Forest Ecology & Management, 385: 78-86.

Bellamy P H, Loveland P J, Bradley R I, et al. 2005. Carbon losses from all soils across England and Wales 1978-2003[J]. Nature, 437(7056): 245-248.

Berg L J, Shotbolt L, Ashmore M R. 2012. Dissolved organic carbon (DOC) concentrations in UK soils and the influence of soil, vegetation type and seasonality[J]. Science of the Total Environment, 427-428(12): 269-276.

Bittelli M, Ventura F, Campbell G S, et al. 2008. Coupling of heat, water vapor, and liquid water fluxes to compute evaporation in bare soils[J]. Journal of Hydrology, 362(3): 191-205.

Bollag J M, Loll M J. 1983. Incorporation of xenobiotics into soil humus[J]. Experientia, 39(11): 1221.

Bond-Lamberty B, Thomson A. 2010. Temperature-associated increases in the global soil respiration record[J]. Nature, 464(7288): 579-582.

Bouma T J, Nielsen K L, Eissenstat D M, et al. 1997. Soil CO_2, concentration does not affect growth or root respiration in bean or citrus[J]. Plant Cell & Environment, 20(12): 1495-1505.

Bowen C K, Schuman G E, Olson R A, et al. 2005. Influence of topsoil depth on plant and soil attributes of 24-year old reclaimed mined lands[J]. Arid Land Research and Management, 19: 267-284.

Brown M A, Southworth F, Sarzynski A. 2009. The geography of metropolitan carbon footprints[J]. Policy & Society, 27(4): 285-304.

Burton A J, Jarvey J C, Jarvi M P, et al. 2015. Chronic N deposition alters root respiration-tissue N relationship in northern hardwood forests[J]. Global Change Biology, 18(1): 258-266.

Burton A J, Pregitzer K S. 2002. Measurement carbon dioxide concentration does not affect root respiration of nine tree species in the field[J]. Tree Physiology, 22(1): 67-72.

Burton A J, Zogg G P, Pregitzer K S, et al. 1997. Effect of measurement CO_2 concentration on sugar maple root respiration[J]. Tree Physiology, 17(7): 421-427.

Ceccon C, Tagliavini M, Schmitt A O, et al. 2016. Untangling the effects of root age and tissue nitrogen on root respiration in *Populus tremuloides* at different nitrogen supply[J]. Tree Physiology, 36(5): 618-627.

Chan Y. 2008. Increasing soil organic carbon of agricultural land[J]. Primefact, 735: 1-5.

Chen H, Tian H. 2005. Does a general temperature-dependent Q10 model of soil respiration exist at biome and global scale?[J]. Journal of Integrative Plant Biology, 47(11): 1288-1302.

Christian P, Sven M, Florian B, et al. 2013. Field-scale manipulation of soil temperature and precipitation change soil CO_2 flux in a temperate agricultural ecosystem[J]. Agriculture, Ecosystems and Environment, 165: 88-97.

Ciarkowska K, Sołek-Podwika K, Filipek-Mazur B, et al. 2017. Comparative effects of lignite-derived humic acids and FYM on soil properties and vegetable yield[J]. Geoderma, 303: 85-92.

Daepp M, Suter D, Almeida J P F, et al. 2000. Yield response of Lolium perenne swards to free air CO_2 enrichment increased over six years in a high N input system on fertile soil[J]. Global Change Biology, 6(7): 805-816.

Davidson E A, Janssens I A. 2006. Temperature sensitivity of soil carbon decomposition and feedbacks to climate change[J]. Nature, 440(7081): 165-173.

Derrien M, Yun K L, Park J E, et al. 2017. Spectroscopic and molecular characterization of humic substances (HS) from soils and sediments in a watershed: Comparative study of HS chemical fractions and the origins[J]. Environmental Science & Pollution Research International, 24(6): 1-13.

Devi N B, Yadava P S. 2006. Seasonal dynamics in soil microbial biomass C, N and P in a mixed-oak forest ecosystem of Manipur, North-east India[J]. Applied Soil Ecology, 31(3): 220-227.

Dixon R K, Solomon A, Bromns, et al. 1994. Carbon pools and flux of global forest ecosystems[J]. Science, 263(5144):185-187.

Drake J E, Stoy P C, Jackson R B, et al. 2008. Fine-root respiration in a loblolly pine (*Pinus taeda* L.) forest exposed to elevated CO_2 and N fertilization[J]. Plant Cell & Environment, 31(11): 1663-1672.

Edwards K A, Mcculloch J, Kershaw G P, et al. 2006. Soil microbial and nutrient dynamics in a wet Arctic sedge meadow in late winter and early spring[J]. Soil Biology & Biochemistry, 38(9): 2843-2851.

Escalona J M, Tomás M, Martorell S, et al. 2012. Carbon balance in grapevines under different soil water supply: Importance of whole plant respiration[J]. Australian Journal of Grape and Wine Research, 18(3): 308-318.

Fabrício B Z, Antoon G C A M, Maarten J W, et al. 2014. Soil CO_2 exchange in seven pristine Amazonian rainforest sites in relation to soil temperature[J]. Agricultural and Forest Meteorology, 192-193: 96-107.

Fernández-Romero M L, Lozano-García B, Parras-Alcántara L. 2014. Topography and land use change effects on the soil organic carbon stock of forest soils in Mediterranean natural areas[J]. Agriculture Ecosystems & Environment, 195 (195): 1-9.

Fujikawa T, Miyazaki T, 2005. Effects of bulk density and soil type on the gas diffusion coefficient in repacked and undisturbed soils[J]. Soil Science, 170 (11): 892-901.

Guo J, Zhang M, Zhang L, et al. 2011. Responses of dissolved organic carbon and dissolved nitrogen in surface water and soil to CO_2 enrichment in paddy field[J]. Agriculture, Ecosystems and Environment, 140: 273-279.

Guo Z, Wang Y, Wan Z, et al. 2020. Soil dissolved organic carbon in terrestrial ecosystems: Global budget, spatial distribution and controls[J]. Global Ecology and Biogeography, 29 (12): 2159-2175.

Hao Q, Jiang C. 2014. Contribution of root respiration to soil respiration in a rape (*Brassica campestris* L.) field in Southwest China.[J]. Plant Soil & Environment, 60 (1): 8-14.

Hatfield J L, Prueger J H. 2015. Temperature extremes: Effect on plant growth and development[J]. Weather and Climate Extremes, 10: 4-10.

Hawthorne I, Johnson M S, Jassal R S, et al. 2017. Application of biochar and nitrogen influences fluxes of CO_2, CH_4 and N_2O in a forest soil[J]. Journal of Environmental Management, 192 (1): 203-214.

Högberg P, Nordgren A, Buchmann N, et al. 2001. Large-scale forest girdling shows that current photosynthesis drives soil respiration[J]. Nature, 411 (6839): 789-792.

Jarvi M P, Burton A J. 2013. Acclimation and soil moisture constrain sugar maple root respiration in experimentally warmed soil[J]. Tree Physiology, 33 (9): 949-959.

Jessica B, Jackie D, Scholtz C H, et al. 2018. Dung beetle activity improves herbaceous plant growth and soil properties on confinements simulating reclaimed mined land in South Africa[J]. Applied Soil Ecology, 132: 53-59.

Jia S, Mclaughlin N B, Gu J, et al. 2013. Relationships between root respiration rate and root morphology, chemistry and anatomy in *Larix gmelinii* and *Fraxinus mandshurica*[J]. Tree Physiology, 33 (6): 579-589.

Jia X, Shao M, Wei X, et al. 2014. Response of soil CO_2 efflux to water addition in temperate semiarid grassland in northern China: The importance of water availability and species composition[J]. Biology and Fertility of Soils, 50: 839-850.

Johanna P, Yakov K. 2012. Soil organic carbon decomposition from recently added and older sources estimated by $\delta^{13}C$ values of CO_2 and organic matter[J]. Soil Biology and Biochemistry, 55: 40-47.

Johnson M G, Phillips D L, Tingey D T, et al. 2000. Effects of elevated CO_2, N-fertilization, and season on survival of ponderosa pine fine roots[J]. Canadian Journal of Forest Research, 30 (2): 220-228.

Kostenko I V. 2017. Relationships between parameters of the humus status of forest and meadow soils and their altitudinal position on the main Crimean range[J]. Eurasian Soil Science, 50 (5): 515-525.

Kotroczó Z, Fekete I. 2020. Significance of soil respiration from biological activity in the degradation processes of different types of organic matter[J]. DRC Sustainable Future: Journal of Environment, Agriculture, and Energy, 1 (2): 171-179.

Kou T J, Xu X F, Zhu J G, et al. 2008. Contribution of wheat rhizosphere respiration to soil respiration under elevated atmospheric CO_2 and nitrogen application[J]. Chinese Journal of Plant Ecology, 32 (4): 922-931.

Lagomarsino A, Angelis P D, Moscatelli M C, et al. 2009. The influence of temperature and labile C substrates on heterotrophic respiration in response to elevated CO_2, and nitrogen fertilization[J]. Plant and Soil, 317 (1): 223-234.

Lal R. 2004. Carbon sequestration in soils of central Asia[J]. Land Degradation & Development, 15 (6): 563-572.

Li P. 2013. Variations of root and heterotrophic respiration along environmental gradients in China's forests[J]. Journal of Plant Ecology, 6 (5): 358-367.

Liu X Z, Wan S Q, Su B, et al. 2002. Response of soil CO_2 efflux to water manipulation in a tall grass prairie ecosystem[J]. Plant and Soil, 240: 213-223.

Lloyd J, Taylor J A. 1994. On the temperature dependence of soil respiration[J]. Functional Ecology, 8 (3): 315-323.

Lorenz K, Lal R. 2007. Stabilization of organic carbon in chemically separated pools in reclaimed coal mine soils in Ohio[J]. Geoderma, 141: 294-301.

Lovley D R, Coates J D, Bluntharris E L, et al. 1996. Humic substances as electron acceptors for microbial respiration[J]. Nature, 382(6590): 445-448.

Luikov A V. 1975. Systems of differential equations of heat and mass transfer in capillary-porous bodies (review)[J]. International Journal of Heat & Mass Transfer, 18(1): 1-14.

Luo Y Q, Zhou X H. 2007. 土壤呼吸与环境[M]. 姜丽芬, 曲来叶, 周玉梅, 等译. 北京: 高等教育出版社.

Luo Y, Jackson R B, Field C B, et al. 1996. Elevated CO_2, increases belowground respiration in California grasslands[J]. Oecologia, 108(1): 130-137.

Lynch D J, Matamala R, Iversen C M, et al. 2013. Stored carbon partly fuels fine-root respiration but is not used for production of new fine roots[J]. New Phytologist, 199(2): 420-430.

Mackay A D, Barber S A. 1984. Soil moisture effects on root growth and phosphorus uptake by corn[J]. Soil Science Society of America Journal, 48(4): 818-823.

Manlay R J, Feller C, Swift M J. 2007. Historical evolution of soil organic matter concepts and their relationships with the fertility and sustainability of cropping systems[J]. Agriculture Ecosystems & Environment, 119(3-4): 217-233.

Mao R, Li S, Zhang X, et al. 2017. Effect of long-term phosphorus addition on the quantity and quality of dissolved organic carbon in a freshwater wetland of Northeast China[J]. Science of the Total Environment, 586:1032-1037.

Mariela F, Claudla H, Jorge E, et al. 2012. Conservation agriculture, increased organic carbon in the top-soil macro-aggregates and reduced soil CO_2 emission[J]. Plant Soil, 355: 183-197.

Mariko A A, Koarashi J, Ishizuka S, et al. 2012. Seasonal patterns and control factors of CO_2 effluxes from surface litters, soil organic carbon and root-derived carbon estimated using radiocarbon signatures[J]. Agricultural and Forest Meteorology, 152: 149-158.

Marsden C, Nouvellon Y, Epron D. 2008. Relating coarse root respiration to root diameter in clonal Eucalyptus stands in the Republic of the Congo[J]. Tree Physiology, 28(8):1245-1254.

Martin J A R, Alvaro F J, Gonzalo J, et al. 2016. Assessment of the soil organic carbon stock in Spain[J]. Geoderma, 264: 117-125.

Martin M P, Orton T G, Lacarce E, et al. 2015. Evaluation of modelling approaches for predicting the spatial distribution of soil organic carbon stocks at the national scale[J]. Geoderma, 223-225(1): 97-107.

Mayer M, Rewald B, Matthews B, et al. 2021. Soil fertility relates to fungal-mediated decomposition and organic matter turnover in a temperate mountain forest[J]. New Phytologist, 231(2): 777-790.

McBratney A B, Bishop T F A, Teliatnikov I S. 2000. Two soil profile reconstruction techniques[J]. Geoderma, 97: 209-221.

McConnell N A, Turetsky M R, McGuire A D, et al. 2013. Controls on ecosystem and root respiration across a permafrost and wetland gradient in interior Alaska[J]. Environmental Research Letters, 8(4): 5029.

Meuser H. 2010. Contaminated Urban Soils[M]. Berlin: Springer.

Muf K. 1995. The temperature dependence of soil organic matter decomposition, and the effect of global warming on soil organic C storage[J]. Soil Biology & Biochemistry, 27(27): 753-760.

Nakamura T, Nakamura M. 2016. Root respiratory costs of ion uptake, root growth, and root maintenance in wetland plants: Efficiency and strategy of O_2 use for adaptation to hypoxia[J]. Oecologia, 182(3): 1-12.

Norby R J, Luo Y. 2004. Evaluating ecosystem responses to rising atmospheric CO_2 and global warming in amulti-factor world[J]. New Phytologist, 162(2): 281-293.

Norby R J, O'Neill E G, Hood W G, et al. 1987. Carbon allocation, root exudation and mycorrhizal colonization of Pinus echinata seedlings grown under CO_2 enrichment[J]. Tree Physiology, 3(3): 203-210.

Novara A, Mantia T L, Rühl J, et al. 2014. Dynamics of soil organic carbon pools after agricultural abandonment[J]. Geoderma, s235-236(4): 191-198.

Ontl T A, Schulte L A. 2012. Soil carbon storage[J]. Nature Education Knowledge, 3(10): 35.

Pere C, Cristina G, Arnaud C, et al. 2009. Soil CO_2 efflux and extractable organic carbon fractions under simulated precipitation events in a Mediterranean Dehesa[J]. Soil Biology and Biochemistry, 41: 1915-1922.

Piccolo A. 1996. Humic Substances in Terrestrial Ecosystems[M]. Amsterdam: Elsevier.

Ponge J F, Salmon S. 2013. Spatial and taxonomic correlates of species and species trait assemblages in soil invertebrate communities[J]. Pedobiologia, 56(3): 129-136.

Ponge J F, Sartori G, Garlato A, et al. 2014. The impact of parent material, climate, soil type and vegetation on Venetian forest humus forms: A direct gradient approach[J]. Geoderma, 226-227(August): 290-299.

Post W M, Kwon K C. 2000. Soil carbon sequestration and land-use change: Processes and potential[J]. Global Change Biology, 6(3): 317-327.

Prescott C E. 2010.Litter decomposition: What controls it and how can we alter it to sequester more carbon in forest soils?[J]. Biogeochemistry, 101: 133-149.

Qiu S J, Ju X T, Ingwersen J, et al. 2010. Changes in soil carbon and nitrogen pools after shifting from conventional cereal to greenhouse vegetable production[J]. Soil & Tillage Research, 107(2): 80-87.

Rachmilevitch S, Lambers H, Huang B. 2008. Short-term and long-term root respiratory acclimation to elevated temperatures associated with root thermotolerance for two *Agrostis* grass species[J]. Journal of Experimental Botany, 59(14): 3803.

Raich J W, Wtufekcioglu A. 2000. Vegetation and soil respiration: Correlations and controls[J]. Biogeochemistry, 48: 71-90.

Raj K S, Rattan L. 2006. Ecosystem carbon budgeting and soil carbon sequestration in reclaimed mine soil[J]. Environment International, 32: 781-796.

Saussure T D E. 1804. Rechimiquessurla Vegetation[M]. Paris: Guthier-Villar.

Sean D C C, Niall P M, David S R, et al. 2012. The effect of biochar addition on N_2O and CO_2 emission from a sandy loam soil—The role of soil aeration[J]. Soil Biology & Biochemistry, 51: 125-134 .

Seong-Won N, Loukas F. Kallivokas. 2008. On the inverse problem of soil profile reconstruction: A comparison of time-domain approaches[J]. Computational Mechanics, 42: 921-942.

Sharma V, Hussain S, Sharma K R, et al. 2014. Labile carbon pools and soil organic carbon stocks in the foothill Himalayas under different land use systems[J]. Geoderma, s232-234(12): 81-87.

Shoucai W, Xiaoping Z, Neil B M, et al. 2014. Effect of soil temperature and soil moisture on CO_2 flux from eroded landscape positions on black soil in Northeast China[J]. Soil & Tillage Research, 144: 119-125.

Sims P L, Bradford J A. 2001. Carbon dioxide fluxes in a southern plains prairie[J]. Agricultural and Forest Meteorology, 109: 117-134.

Šimůnek J, van Genuchten M Th, Šejna M. 2008. Development and applications of the HYDRUS and STANMOD software packages and related codes[J]. Vadose Zone Journal, 7(2): 587-600.

Six J, Conant R T, Paul E A, et al. 2002. Stabilization mechanisms of soil organic matter: Implications for C-saturation of soils[J]. Plant & Soil, 241(2): 155-176.

Solida L, Nicola C D, Fanfani A, et al. 2015. Multi-set indicators to assess environmental quality using soil microarthropods, plants and humus[J]. Rendiconti Lincei, 26(3): 561-569.

Song Q, Liu W, Bohn C D, et al. 2013. A high performance oxygen storage material for chemical looping processes with CO_2 capture[J]. Energy and Environmental Science, 6: 288-298.

Song X Z, Yuan H Y, Kimberley M O, et al. 2013. Soil CO_2 flux dynamics in the two main plantation forest types in subtropical China[J]. Science of the Total Environment, 444: 363-368.

Sorrenti G, Buriani G, Gaggìa F, et al. 2017. Soil CO_2, emission partitioning, bacterial community profile and gene expression of *Nitrosomonas*, spp. and *Nitrobacter*, spp. of a sandy soil amended with biochar and compost[J]. Applied Soil Ecology, 112:79-89.

Srivastava P, Kumar A, Behera S K, et al. 2012. Soil carbon sequestration: An innovative strategy for reducing atmospheric carbon dioxide concentration[J]. Biodiversity and Conservation, 21(5): 1343-1358.

Stéphanie G, Christophe W. Benoit H, et al. 2015. Modeling soil CO_2 produ- ction and transport to investigate the intra-day variability of surface efflux and soil CO_2 concentration measurements in a Scots pine forest (*Pinus Sylvestris*, L.) [J]. Plant Soil 390: 195-211.

Suseela V, Dukes J S. 2013. The responses of soil and rhizosphere respiration to simulated climatic changes vary by season[J]. Ecology, 94 (2): 403-413.

Suter D, Frehner M, Fischer B U, et al. 2002. Elevated CO_2 increase carbon allocation to the roots of *Lolium* perenne under free-air CO_2 enrichment but not in a controlled environment[J]. New Phytologist, 154 (1): 65-75.

Tans P P, Fung I Y, Taka H T. 1990. Observational constraints on the global atmospheric CO_2 budget[J]. Science, 247 (49): 1431-1438.

Tedesco M J, Teixeira E C, Medina C, et al. 1999. Reclamation of spoil and refuse material produced by coal mining using bottom ash and lime[J]. Environmental Technology, 20: 523-529.

Thorne M A, Frank D A. 2009. The effects of clipping and soil moisture on leaf and root morphology and root respiration in two temperate and two tropical grasses[J]. Plant Ecology, 200 (2): 205-215.

Thurgood A, Singh B, Jones E, et al. 2014. Temperature sensitivity of soil and root respiration in contrasting soils[J]. Plant and Soil, 382 (1): 253-267.

Tian F, Zhu J Y, Bai G S, et al. 2016.Soil geochemical anomaly evaluation and ore-prospecting of the Shuihekou gold deposit in Funing,Yunnan province[J]. Geophysical & Geochemical Exploration, 40 (4): 661-666.

Tinoco P, Almendros G, González-Vila F J, et al. 2015. Revisiting molecular characteristics responsive for the aromaticity of soil humic acids[J]. Journal of Soils & Sediments, 15 (4): 781-791.

Tomotsune M, Yoshitake S, Watanabe S, et al. 2013. Separation of root and heterotrophic respiration within soil respiration by trenching, root biomass regression, and root excising methods in a cool-temperate deciduous forest in Japan[J]. Ecological Research, 28 (2): 259-269.

Wang T H, Su L J. 2010. Experimental study on moisture migration in unsaturated loess under effect of temperature[J]. Journal of Cold Regions Engineering, 24 (3): 77-86.

Wang X, Nakatsubo T, Nakane K. 2012. Impacts of elevated CO_2, and temperature on soil respiration in warm temperate evergreen *Quercus glauca*, stands: An open-top chamber experiment[J]. Ecological Research, 27 (3): 595-602.

Wiant H V. 1967. Has the contribution of litter decay to forest "soil respiration" been overestimated?[J]. Journal of Forestry, 65 (6): 408-409.

Wick A F, Merrill S D, Toy T J, et al. 2011. Effect of soil depth and topographic position on plant productivity and community development on 28-year-old reclaimed mine lands[J]. Journal of Soil and Water Conservation, 66 (3): 201-211.

WRB. 2022. World Reference Base for Soil Resources: International Soil Classification System for Naming Soils and Creating Legends for Soil Maps. [M]. 4th ed International Union of Soil Sciences, Vienna.

Xu M, Qi Y. 2001. Soil surface CO_2 efflux and its spatial and temporal variations in a young ponderosa pine plantation in northern California [J]. Global Change Biology, (7): 667-677.

Yan M, Zhang X, Zhou G. 2010. Seasonal dynamics of root respiration in poplar plantations at different developmental stages[J]. Acta Ecologica Sinica, 21 (13): 3449-3456.

Yang Y, Xie J, Hao S, et al. 2009. The impact of land use/cover change on storage and quality of soil organic carbon in midsubtropical mountainous area of southern China[J]. Journal of Geographical Sciences, 19 (1): 49-57.

Ying Y, Zhang Z G, Grulke E A, et al. 2005. Heat transfer properties of nanoparticle-in-fluid dispersions (nanofluids) in laminar flow[J]. International Journal of Heat & Mass Transfer, 48 (6): 1107-1116.

Zaiets O, Poch R M. 2016. Micromorphology of organic matter and humus in Mediterranean mountain soils[J]. Geoderma, 272: 83-92.

Zak D R, Pregitzer R S, Curtis P S, et al. 1993. Elevated atmospheric CO_2 and feedback between carbon and nitrogen cycles[J]. Plant

Soil, 151: 105-117.

Zanchi F B, Meesters A G C A, Waterloo M J, et al. 2014. Soil CO_2 exchange in seven pristine Amazonian rain forest sites in relation to soil temperature[J]. Agricultural and Forest Meteorology, 192-193: 96-107.

Zhang S, Liang Y, Wei L, et al. 2017. Characterization of pH-fractionated humic acids derived from Chinese weathered coal[J]. Chemosphere, 166: 334-342.

Zhao Z M, Zhao C Y, Mu Y H, et al. 2011. Contributions of root respiration to total soil respiration before and after frost in Populus euphratica forests[J]. Journal of Plant Nutrition & Soil Science, 174(6): 884-890.

Zhou B B, Shao M A, Wen M X, et al. 2015. Effects of coal gangue content on water movement and solute transport in a China Loess Plateau Soil[J]. CLEAN - Soil, Air, Water, 38(11): 1031-1038.

Zhou G, Luo Q, Chen Y, et al. 2019. Interactive effects of grazing and global change factors on soil and ecosystem respiration in grassland ecosystems: A global synthesis[J]. Applied Ecology, 56(8): 2007-2019.